カカオとチョコレートのサイエンス・ロマン

神の食べ物の不思議

佐藤清隆
古谷野哲夫 著

幸書房

写真 1　カカオ農園とカカオの木（カカオポッドは木の幹から直接生える）

写真 3　カカオの花
（すべて下を向いている）

写真 2　カカオポッドを持つサル
（ドイツ・ケルンの博物館）

写真 4　メキシコシティの露店で売られているカカオ豆

写真 5　カカオ豆の断面（紫色がフォラステロ種、白色がクリオロ種）

写真 6　メキシコ南部・ソコヌスコ地方のカカオ飲料：パツォル

写真７　マヤ文明・コパン遺跡の壁画

写真９　古代メソアメリカの民家の内部（メキシコ人類学博物館）

写真８　メタテとマノ（メキシコシティ、チョコレート美術館）

写真 10　クラブハリエ山本隆夫シェフのピエスモンテ

写真 11　バルセロナの陶器博物館のタイル絵「チョコレートパーティー」

はじめに

「遠い昔、山の向こうからカカオがやってきた。」

チョコレートの故郷である中南米地方。その中のメキシコ・チャパス州、ソコヌスコの農家の主人ホルヘさんは、こう言いながら、はるか昔と同じように、カカオとトウモロコシを井戸水と混ぜて、冷たい飲みものをつくってくれた。

その山のはるか向こうには、パナマ地峡、コロンビア、ベネズエラを越えて、カカオの原産地であるアマゾン川上流域がある。

アフリカを発した人類が、数万年の旅を終えてメソアメリカに到達したのは、約一万二千年前である。熱帯雨林に住み着いた人々は、やがてそこに育つカカオの木の実（カカオポッドという）を食べ始めた。

最初はポッドの中の白いパルプだけを食べていたが、まもなくカカオ豆も食べだした。それから、カカオ豆の食べ方はいろいろに変化した。何千年もの間は、冷たくして飲んでいた。ところが、今から約五〇〇年くらい前にヨーロッパにカカオが入ると、甘くて香ばしい温かい飲みものとなり、約一六〇年前に現在のような、食べるチョコレートが生まれた。

よく考えてみると、これは不思議な話である。なぜならば、これだけの長い時間をかけて食べ方を大きく変えてきた食品は、チョコレート以外には見当たらないからである。

他にも、たくさん不思議なことがある。

たとえば、カカオの木の学名は「神の食べ物」（ギリシャ語で「テオブロマ」）であるが、なぜこのような学名が与えられたのであろうか？

また、チョコレートの味が生まれる仕組みも変わっている。生のカカオ豆が渋くて食べられないので、ローストしなければならないのはコーヒーと同じである。しかしコーヒーと違って、カカオ豆だけを取り出してローストしても、チョコレートの味は生まれない。では、どのようにしてあの味が生まれるのであろうか？

実はこれらの不思議には、カカオからチョコレートになるまでに繰り広げられる、自然と人間のさまざまな営みが深くかかわっているのである。

熱帯雨林で生長するカカオの木と、それを支える気温、湿気、土壌、熱帯樹林、鳥、虫などの多様な自然。

高温高湿の熱帯地方でカカオを生産する人々や、現代のチョコレートに育てた多くの職人や科学者・技術者たち。

とりわけ、カカオ豆を食べられるようにした古代メソアメリカの人々の果たした役割は、きわめて大きい。

本書では、「神の食べ物」であるカカオがチョコレートになるまでの長い歴史を振り返りながら、その中で重要な役割を果たしてきたさまざまなサイエンスに光を当てたい。

カカオとチョコレートの不思議を理解する一助になればと願いながら、本書を古代メソアメリカの人々に捧げたい。

二〇一一年九月

佐藤清隆
古谷野哲夫

目次

カカオとチョコレートのサイエンス・ロマン

神の食べ物の不思議

序章　お菓子の王様

チョコレートは、「お菓子の王様」である。室温では硬くてパリッと割れるが、口に入れるとスーッと融け、口いっぱいに甘さと苦さとまろやかな香りが広がって、人々を魅了する。

世界中のどこにいっても、十人中九人は「チョコレートが好き」と答える。残る一人は、チョコレートにまつわる迷信にとらわれて「食わず嫌い」になっているに違いない。その迷信とは、「チョコレートを食べると太る」、「にきびができる」、「虫歯になる」、「鼻血が出る」などである。いずれも根拠はないが、頭の隅に引っかかる。それでも、いったん口に入れればそれを忘れるほど、チョコレートのおいしさは人々をひきつける。

小売金額で比較すると、日本のお菓子の中でチョコレートは、和・洋生菓子に次いで三番目の売り上げである（表0・1）。にもかかわらず、チョコレートが「お菓子の王様」と呼ばれるのは、それが世界中の人々に愛されているからであ

表 0.1　日本のお菓子の年間売上高（2009 年度）

飴菓子	2,550 億円
チョコレート	4,180 億円
チューインガム	1,580 億円
せんべい	760 億円
ビスケット	3,440 億円
米菓	3,280 億円
和生菓子	5,040 億円
洋生菓子	4,610 億円
スナック菓子	4,030 億円

る。

国際的に比較すると、日本のチョコレートの消費量は大変少ない。日本人の、一人当たりのチョコレートの年間消費量は、国際菓子協会/欧州製菓協会の調べでは二〇一一年度は二・二kgで、最近十年間でほとんど変わらない。ところが海外では、ドイツが一一・六kg、次いでスイスが一〇・六kg、イギリスが九・八kg、デンマークが八・二kgと続き、他にはフランスが六・六kg、ベルギー五・七kgなどである。ヨーロッパの南にあるスペインやイタリアでは消費量が少ないが、それでも三・二kg、四・一kgである。

一年に一一kgというと、一日平均で三〇g以上となる。大きな生チョコが一つ9gほどだから、ドイツの人々は、それを毎日、3つ食べていることになる。

華やかなプレミアムチョコレートの世界

銀座や丸の内の高級チョコレート店では、一粒が数百円もするプレミアムチョコレートが人気を集めている。高級デパートで毎年開かれる展示会では、ヨーロッパからわざわざ自分の店を休んで来日するショコラティエの店に、長い行列ができる。

チョコレートは室温で固まるので、それを利用した芸術作品ができる。図0・1は、二〇一一年にデパートの伊勢丹新宿店で開かれたサロン・デュ・ショコラで展示された、水野直己氏のオブジエである。水野氏は「ワールドチョコレートマスターズ２００７（パリ）」で世界一に輝いたパティシエであるが、ボールも扇も蝶々も、すべてがチョコレートでできている。

高級チョコレートのブームは、日本に限らない。たとえば「世界一のチョコレートの座」をめぐって、ベルギーとスイスがしのぎを削っている。ベルギーが国家プロジェクトとしてゲント大学をチョコレート研究の拠点に指定したかと思えば、スイスの有名なチョコレートメーカーは、プレミアムチョコレートの研究開発センターを立ち上げている。いずれも、高級チョコレートの消費がもたらす莫大な経済効果を見据えているのである。

図 0.1　水野直己氏によるオブジェ

チョコレートの種類

チョコレートといっても、さまざまな種類がある。板状のものや、ナッツを中に含んだボール状のチョコレート、果汁やリキュールを含んだ柔らかいチョコレート、クッキーの上にのったものもある。スイスの小さな店で見たチョコレートは、上質のハムのような仕上がりにしてあった（図０・２）

このように、「形」でチョコレートを区分する方法もあるが、基本となるチョコレートの種類は、その中に含まれる成分によって分類される（表0・2）。

スイートチョコレート（ダークチョコレートとも言う）は、褐色のカカオマス、室温で固まる油脂（無色）であるココアバター、そして砂糖から成っている。カカオマスとは、焙炒したカカオ豆の胚乳部を取り出してすり潰したものである。ミルクチョコレートは、それに粉乳を加える。一方、ホワイトチョコレートにはカカオマスが含まれない。また生チョコ（ガナッシュ）は、スイートチョコレートと生クリームを混ぜて融かして固めて作るが、一〇％以上の水分が含まれる。

図 0.2　ハム仕立てのナッツ入りチョコレート

最近、糖分を控えたチョコレートが人気を集めているが、糖分の量を数字で表しており、一〇〇からその数字を引いた分だけ糖分が入っている。たとえば、「カカオ99％」というチョコレートでは糖分はほとんど含まれておらず、「カカオ78％」では、約二二％が糖分である。何も書かれていない場合は、約四五％が糖分である。

表 0.2　チョコレートの種類

スイート	カカオマス、砂糖、ココアバター
ミルク	カカオマス、砂糖、粉乳、ココアバター
ホワイト	砂糖、粉乳、ココアバター
生チョコ	生クリーム＋チョコレート［水分 10％以上］

チョコレートの作り方

チョコレートの出発原料は、カカオ豆である。同じカカオ豆から作る「飲むココア」と比較して、チョコレートの作り方の概略を書くと図 0・3 のようになる。後で詳しく述べるので、ここでは簡単に説明する。

ココアもチョコレートも、カカオ豆を発酵させて乾燥させたあと、焙炒する。その後、チョコレートの場合は、カカオ豆を融かして固めて食べる。ココアの場合は、焙炒したカカオ豆から油脂を抜いて粉末にしたものに、お湯やミルクを入れて分散して飲む。

この一連の流れの中で、乾燥まではアフリカ、東南アジア、中南米などの熱帯雨林地方で行われる。すなわち、カカオ農園でカカオの木を育て、花を咲かせてカカオ豆を作り、それを取り出して発酵させ、乾燥する。その熱帯雨林地方が、「チョコレートの故郷」である。乾燥されたカカオ豆は、船便で温帯や寒帯地方にあるチョコレート工場に運ばれて焙炒され、ココアとチョコレートができる。

温帯の日本にいると、チョコレート工場などでカカオ豆からチョコレートを作る過程は身近な感じがする。しかし、熱帯雨林でカカオがどのように育

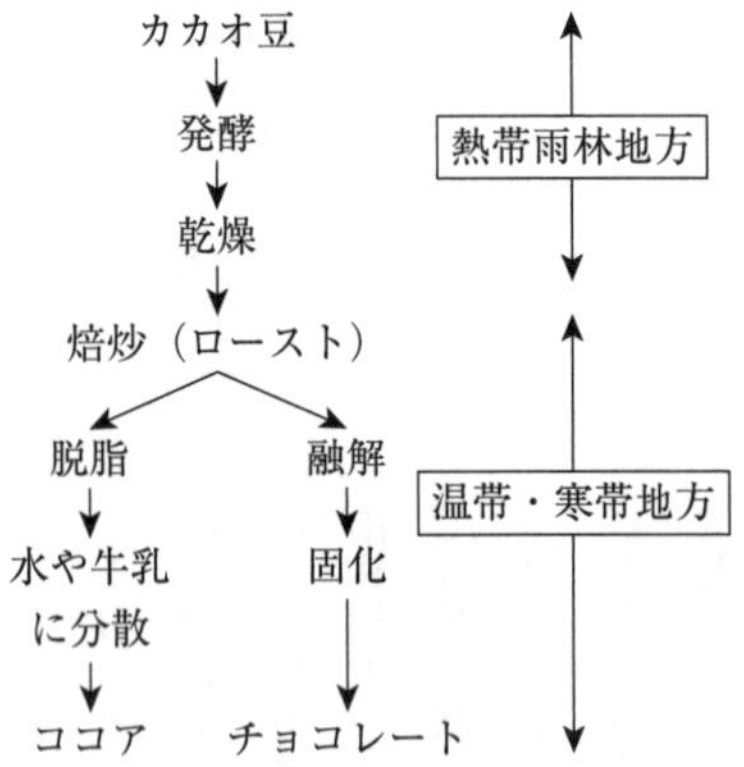

図 0.3　ココアとチョコレートができるまで

ち、カカオ豆が工場に運ばれてくるまでどのような作業が行われているかについては、ほとんど知られていない。しかし、おいしいチョコレートができるためには、カカオ豆が船積みされるまでのプロセスが極めて重要である。最近は、そのことに世界中のチョコレートの専門家が注目している。熱帯雨林でのカカオの栽培から十分に手をかけられることによって、上質のチョコレートが作られるのである。そのことが、これからのチョコレート作りの新しい潮流になると思われる。そこで、本書の前半では、熱帯雨林で行われているカカオの栽培や、豆の発酵について詳しく述べる。

チョコレートの故郷ではチョコレートが作れない!!

「チョコレートの故郷」では、華々しいプレミアムチョコレートの世界とはまったく異なる風景がある。

カカオ豆が栽培される地域は、高温高湿の熱帯雨林地方に限られる。もちろんそれには理由があるのだが、チョコレート製造国へ輸出するため、生産地の人々はカカオの木の栽培から、カカオ豆の採集、発酵、乾燥と休みなく働くが、いずれも過酷な労働である。

ところが皮肉なことに、カカオの生産地では食べるチョコレートは作れない。なぜならば、チョコレートがパリッと割れるのは、カカオ豆の中のココアバターが固まるためであるが、熱帯雨林地方では気温が高いために、ココアバターが融けてしまうからである。――「チョコレートの故郷ではチョコレートが作れない」――このパラドックスを解く鍵は、カカオ豆にある。

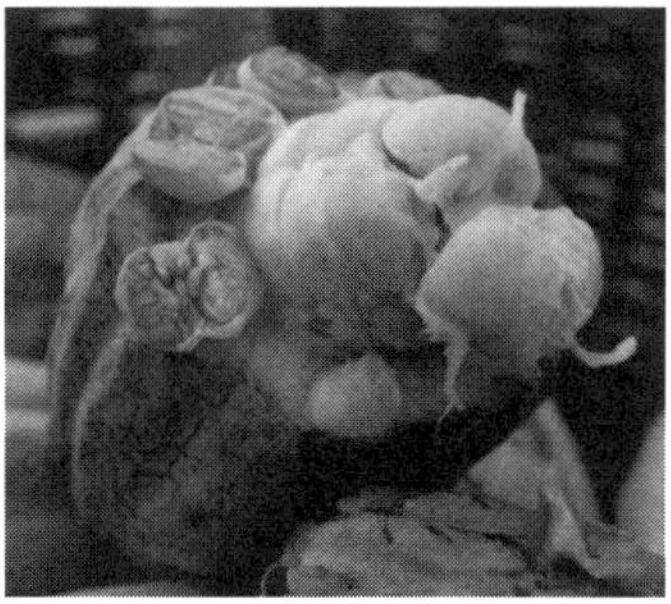

図 0.4　カカオポッドと、白いカカオパルプ、およびカカオ豆

カカオ豆は、カカオの木の花（口絵写真3）が受粉して、木の実である「カカオポッド」が生まれ、それが成熟してポッドの中で大きくなる（図0・4）。その豆がポッドの外に出て発芽し成長し、成木となり、花を咲かせて、またカカオポッドが育つ。

そのようなカカオの木の生涯の中で、最初にカカオ豆が発芽して葉を繁らせて、光合成で自立できるまでの主な栄養が、豆の主成分であるココアバターである。もし、温度が下がってココアバターが固まれば、栄養素に分解できないので豆は発芽できない。つまり、カカオの木は、発生したその瞬間からココアバターを融かさなければならないのである。したがって、カカオ豆の生産地で「食べるチョコレート」を作ることはできないのである。

ココアバターを固めて「食べるチョコレート」にしたのは、カカオが涼しいヨーロッパに持ち込まれてからである。

飲むチョコレートから始まった

チョコレートの故郷では、人々は昔から焙炒したカカオ豆とトウモロコシを磨砕して混ぜ、砂糖も入れないで冷たい水に溶かして飲んでいた。その飲み方は、何千年も昔から現在まで続いている。

メキシコ南部のチャパス州ソコヌスコは、その昔、アステカ時代に皇帝に捧げるカカオの栽培で大変に栄えた。そこに住む農家の主人によれば、塩をまぶした緑トウガラシをなめながら、焙炒したトウモロコシとカカオを冷たい水に混ぜた「パツォル」と呼ぶドリンクをコップ二杯飲めば、朝から昼まで仕事ができるという（口絵写真6）。彼は「遠い昔、山の向こうからカカオがやってきた。それ以来、ずっとこうして飲んでいる」と語った。

カカオとの遭遇

そもそもカカオと動物の出会いまでさかのぼれば、カカオ豆の周りにへばりついている甘酸っぱいカカオパルプを食べることから始まった。サルやリスなどの動物は、パルプに十数%含まれている糖分を求めたのである（口絵写真2、図0・5）。しかし、生のカカオ豆は強烈に渋くて苦く、とても食べられない。動物はパルプを食べたあとで、豆を捨てていたのである。一方、カカオの木からすれば、甘いパルプで動物を引き寄せ、豆をまき散らすことによって、自らの生存条件を有利に展開した。

図 0.5　カカオポッドを食べるサルの絵

人類も動物と同じように、最初はパルプを食べ、それをお酒にしていた。ところがあるとき、何らかの偶然か、あるいは意図的に、発酵したカカオ豆を焙炒することを知った。そうすると、生の豆の強烈な渋みが和らいで、芳しい香りが生まれることがわかって、飲み始めた。そして、その飲み物が滋養に満ちていることもわかった。

それから人々は、カカオ飲料を「不老長寿の飲み物」として大事に育てた。五百年前にカカオは

図 0.6　カール・フォン・リンネ（1707−1778）

ヨーロッパに渡り、人々を魅了した。一七五三年にスウェーデンの植物学者リンネ（図0・6）は、カカオの学名を「テオブロマ（ギリシャ語で「神の食べ物」）」と名づけた。その後に数々の発明を経て、現在の「食べるチョコレート」と「飲むココア」となった。

サイエンスのロマン

アフリカを発した人類が、数万年の旅を経て「チョコレートの故郷」に到達してカカオに初めて接してから、チョコレートを食べるまでの数千年を越える歴史を振り返ると、偶然と必然の織り成すさまざまなサイエンス・ストーリーに満ちていることがわかる。すなわち、カカオからチョコレートが生まれた歴史に、生物学はもちろん、脂質科学、食品化学、食品物理学、食品栄養学、食品工学などのサイエンスや、ヒューマンなドラマが顔をのぞかせる。

本書では、そのようなサイエンスに彩られたロマンをたどりたい。まずは、「チョコレートの故郷」に足を踏み入れてみよう。

第一章　チョコレートの故郷の風景

チョコレートの出発原料であるカカオ豆は、現在どこで、どれくらい生産されているのであろうか。

二〇〇九～二〇一〇年の統計では、世界のカカオ豆の生産量は三五五万トンで、アフリカが二四〇万トン、アジアが六五万トン、中南米が五〇万トンである。日本の二〇〇九年のカカオ豆の輸入量は五・二万トンで、アフリカからの輸入が八八%、中南米が九%、アジアが二%である。いずれも圧倒的にアフリカ産が多い。

しかし、カカオの原産地は、アフリカではない。

ブラジル、ベネズエラ、コロンビア、ペルーにまたがるアマゾン川上流やオリノコ川上流に展開する熱帯雨林が原産地である（図1・1）。そこから、何百万年以上の間に、カカオの生育圏は中南米周辺に広がった。その地域へ、初めての人類として到達したモンゴロイドの人々が、カカオ豆を食べることを知り、カカオの木の栽培を始めた。それはせいぜい今から一万年ほど前のことである。はるかに下って、十五世紀末に中南米に到達したヨーロッパ人によってカカオの栽培は世界中

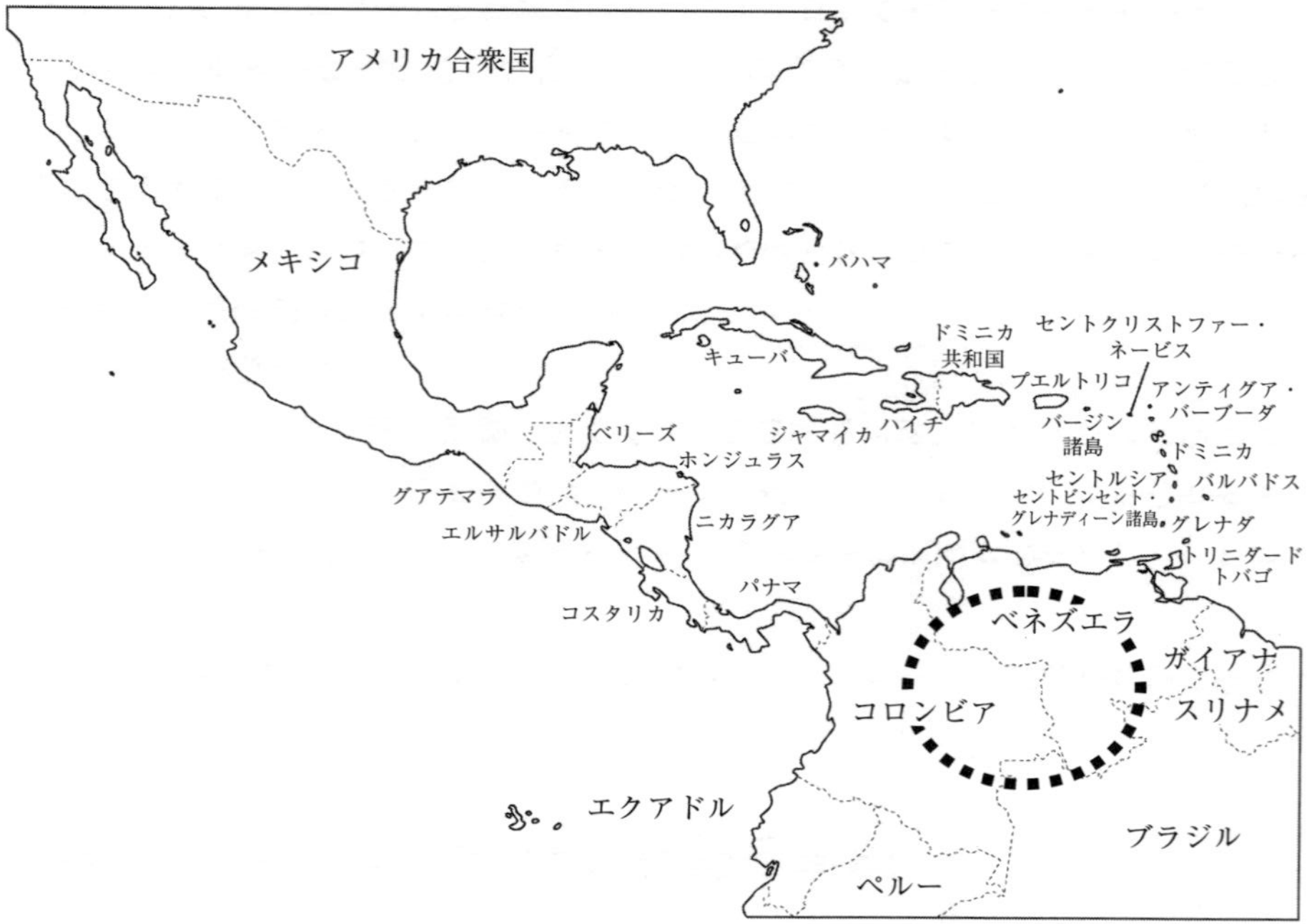

図 1.1　チョコレートの故郷（点線囲み部分）

に広がった。しかし、カカオが栽培される地域が高温高湿の熱帯雨林地方に限られることは、現在でもまったく同じである。

チョコレートのおいしさは、カカオ豆の品質で決まる。とくに苦味と香りの成分は、カカオの木の品種、栽培地の土壌と水と気温、栽培後の発酵によって大きく左右される。そこで、高級チョコレートを目指す人々は良質のカカオ豆を求めて、チョコレートの原点であるカカオ豆の生産地を訪れる。

カカオは熱帯雨林で生育するが、その範囲を緯度で言えば、赤道をはさんで二十度以内である。カカオポッドは、カカオの木の幹から直接生える（口絵写真1）。小ぶりのラグビーボールのようなポッドの中に、数十個のカカオ豆が含まれている。生産地で人々は、カカオポッドを木からもぎとって、その中からぬるぬるしたパルプに包まれたカカオ豆を取り出し、発酵させ、天日で乾燥したあと麻袋に入れて、チョコレート工場のある温帯地方に輸出する港まで運ぶのである。

典型的なカカオ農園の風景を、ベネズエラの例で紹介したい。

1.1　カカオ豆の買付所

カカオ農園の広がる地域の真ん中に、カカオ豆の買付所はあった。カカオ豆は、農民が買付所に運ぶか、仲買人が農家まで出向いて集めて、買付所の倉庫に保管する。そこからさらに大きな中継

図 1.2　カカオ豆の天日乾燥
（買付所の横で）

地に運んで、輸出業者へ渡す。

買付所へ行く途中に見た農家の道端には、カカオ豆が広げられていた。カカオを生産する家族経営の農家が、手っ取り早くカカオ豆を乾燥する場所は、タダで利用できる舗装道路端である。車で移動する間に目に入った農家は、まことに失礼ながらも「ここに人が住めるのか」と思う粗末な作りであるが、ちゃんと人が住んでいた。世界のカカオ豆の生産の七割は、このような零細な個人農家で担われている。

買付所では、仲買人が農家から重量単位でカカオ豆を買い、現金を農家に支払う。農家は少しでも実入りを増やそうと、なるべく重量を増やしたい。悪質な場合は、石ころを入れたり水分を残したりするが、乾燥が不十分であれば輸送の途中で豆が腐るので、乾燥の手抜きを見抜く仲買人と農家との闘いが展開される。

水分計で八％以下にならない湿った豆は、つき返される。しかし、唯一の現金収入であるカカオ豆を売りたい農家は必死である。過酷な作業を一家総出で行って出荷までこぎつけ、現金を手にして帰ってきてくれるものと期待している家族のことを考えると、とても「売れなかった」では帰れない。晴れていれば、つき返された湿った豆をその場で広げて乾燥させて仲買人に交渉し、だめならなおもそれを繰り返して、引き取ってくれるまで粘る。図1・2は、つき返された農民が、カカオ豆買付所の倉庫の脇で天日乾燥している光景である。

1.2　カカオの木

カカオの木は直射日光と乾燥した土壌を嫌うので、カカオ農園では葉の茂る大木の間にカカオの木を混ぜて植えている。したがって、雨が降ったらぬかるみ、晴れていても地面は柔らかく、カカオ農園の中は湿気に満ちている。とくに、若いカカオの木に直接強烈な日光は当てられないので、零細な農家はバナナの大きな葉の下でカカオの幼木を育てる。

成育したカカオの木には一年間に数千個の花が咲くが、ポッドまで成長するのは数十個である。カカオの花は小指の先ほどの大きさで、数ミリの小さなおしべとめしべの間に虫が入り込んで受粉する虫媒花である。大きな虫では受粉できないので、ヌカカなどの小さな虫が送粉する。したがって、そのような小さな虫たちが生育できる環境が、カカオ農園には必要なのである。マラリアを媒介する蚊も発生するが、受粉を促す虫が死んでしまうので、殺虫薬は散布しない。

現地の人々は半そでで作業しているが、免疫がない我々日本人がカカオ農園に入るときは、蒸し暑い中でも、長袖シャツを着て、靴下でズボンの下をくるんで、その上から虫除けスプレーを吹き

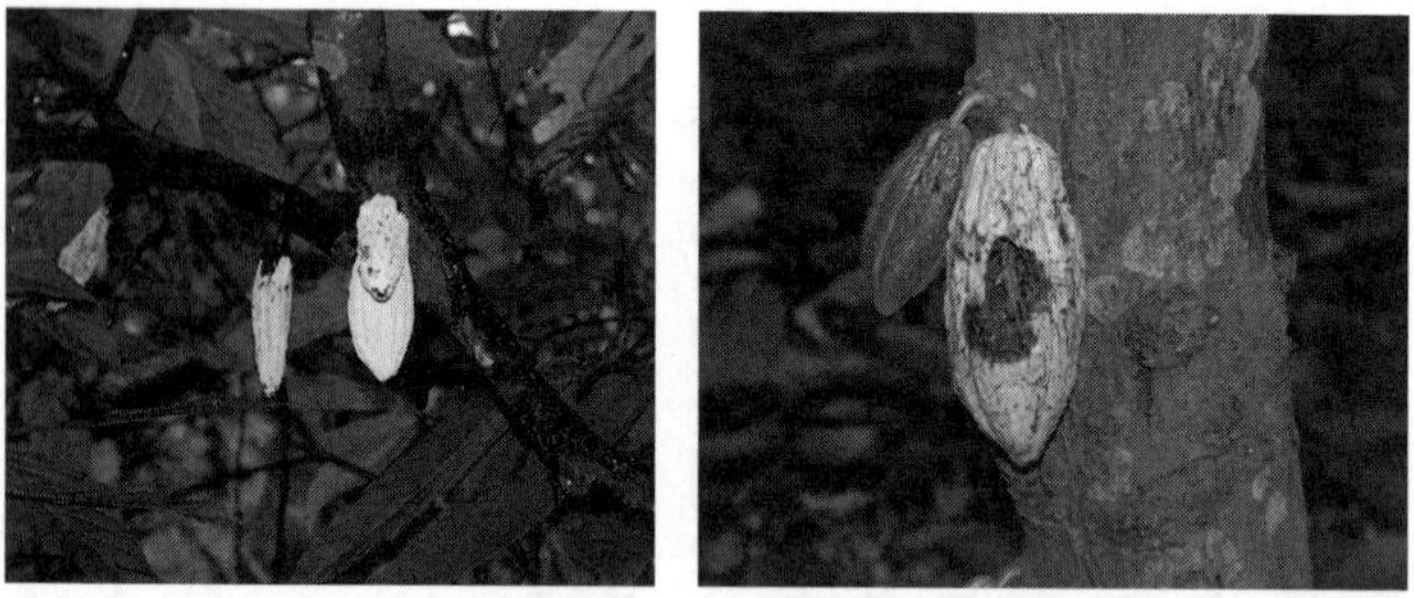

図 **1.3**　モニーリア（左）と動物の食害（右）にやられたカカオポッド

つけ、手や顔には虫除け薬を塗らねばならない。

カカオの木には病気もたくさんある。特に被害の大きいのがモニーリアというカビで、木はやられないがポッドだけがやられる（図1・3）。このモニーリアの駆除には決定的な対策がなく、罹患《りかん》したカカオポッドを若いうちに見つけて焼却し、ひたすらカビの蔓延《まんえん》が収まるのを待つしかない。

熱帯雨林では植物の生育は速いので、手入れを怠ると農園はたちまちにして荒れてしまう。下草を刈らないと病気が移り、剪定《せんてい》を怠れば日照が不足し、蔓《つる》が絡めば空気の循環が悪くなる。また、熱帯雨林の農園には毒蛇も出没するので、病気の駆除、剪定、下草刈りなど、収穫のために畑を動き回るのは過酷で危険な作業なのである。

意外に厄介なのがカカオパルプを狙う動物による食害で、リスのようなげっ歯類による穴あけの害である。サルも、カカオポッドを手で割ってパルプを食べる（口絵写真2、および序章参照）。これらの動物が相手なので、柵は効かずネットも取り付けられず、家族経営の農園では手の打ちようがない。統計によれば、病気と食害で世界のカカオ豆の三分の一から四分の一が失われているという。

1.3　豆の収穫

ベネズエラでは、収穫期は秋から翌年の春までだが、一年を通して花が咲いていて、幼いカカオポッドが育ち、成熟する。その風景は、季節ごとに開花、結実、成長、成熟と、はっきりした区別がある日本の果実と違って、なんとも不思議な光景である。完熟したかどうかは、カカオポッドの色と形で判断する。

カカオの木の背丈は野生では二五mにもなるが、カカオ農園では大きいもので一二mほどである。カカオポッドを収穫する時は、高いところでは、柄の長い鎌でその根元だけを切り落とす（図1・4）。そして、集めたカカオポッドを割って豆を取り出すのであるが、これも注意深く手作業で行われる。

まず硬い殻を割る。このとき、中のカカオ豆が傷つかないように慎重にやらねばならない。それはカカオ豆の品質を守るためである。そのために、中南米ではマチェテとよばれる小刀を使う。このように、カカオ農園での仕事はすべてが手作業で行われて、機械化はできない。なぜならば、豆が少しでも傷つくと使い物にならないからである。高温高湿のカカオ農園では、これらの作業は過酷である。

図 1.4　カカオポッドの収穫（右下は鎌の先端）

カカオ農園では、収穫直後のカカオポッドの中の新鮮なパルプを味わうことができる。ポッドの中から手で取り出したカカオ豆にくっついているカカオパルプは、甘酸っぱくておいしい。ただし、豆の周りに薄く張り付いているだけなので、豆の間から舌でまさぐってパルプの汁を吸い取るのであるが、その食感はアケビのような感じである。人類がカカオ豆を食べるようになるまでの何百万年以上もの間、動物たちはこのパルプを食べていたのである。今でもパルプを食べる人々がいて、図1・5は日本にある日系ブラジル人の店で売られている冷凍したカカオパルプジュースである。

カカオポッドは、完熟して腐るまでは幹についたままで落下しない。もしその状態でカカオポッドが腐ると、殻が固くて厚いために中の豆もほとんど腐ってしまい、豆は発芽できない。それは、カカオの子孫を残す上では不利のように思える。そのような条件をカカオが選んだ理由は、動物がカカオパルプを求めるが豆は食べないことを知ったカカオの木が、豆の摘出は動物に任せ、自らはウイルスやさまざまな食害からの攻撃を避けるために、ひたすら殻を固くしたためではないかと考えられる。

これは、動物が摂食することにより植物の構造が変化し、それに応じて動物も体のつくりを変える共進化現象の一例である。たとえば、ツバキシギゾウムシとヤブツバキの共進化が面白い。ツバキシギゾウムシの雌の成虫が、頭部の先に伸びた極端に長い口《こう》吻《ふん》を用いてヤブツバキの果実を穿孔《せんこう》して、果実内部の種子に産卵を行う。この攻撃に対して、ヤブツバキは果皮を極端に厚くする防衛機構を発達させた。この場合は、植物が動物からの害を逃れるために進化したのであるが、カカオの場合は、種を絶滅させない程度に、動物の摂食がカカオを助けたということになる。

図 1.5　冷凍したカカオパルプジュース

1.4　発酵と乾燥

発酵は、収穫後にすぐ行わなければならないが、さまざまな方法がある。たとえば、野外で籠に入れてバナナの葉で覆うとか（図1・6）、発酵箱に入れて麻袋で覆うとか、さらには正確な温度管理で工業的に行う方法もある。

図1.6　バナナの葉で包んで発酵

ベネズエラの農園では、簡素な屋根で覆われた建物の中でコンクリートの上に木箱を並べ、その中で麻袋をかぶせて発酵させていた。触ってみると、発酵熱で温かい。麻袋をはいでみるとカカオ豆にびっしりと小さな虫が付いていたが、それはパルプや発酵に関与する微生物を食べているのである。発酵所には、ムッとする湿度と有機酸による強烈な臭いが立ち込めていた。

発酵は、カカオパルプに含まれる糖分を栄養にして育つ、たくさんの微生物の働きで行われる。発酵については第四章で詳しく説明するが、四〇～五〇℃にして数日間発酵する間に、均一な発酵が行われるよう定期的に上下をひっくり返す。発酵中にpHが変わるので、活躍する微生物の種類と数、発酵のしくみが変わり、それとともに、カカオ豆の中に香りや呈味成分が生まれる。したがって、生のままのカカオ豆を乾燥して焙炒しても、あのチョコレートの風味は出ない。

そこで問題になるのは、バナナの葉や箱についている微生物であるが、それらは産地によって異なっている。さらに、木箱を使う場合は、発酵するたびに洗うことはないので、何世代も続く微生物のコロニーがあり、それが発酵過程を特徴づけている。したがって、同じ産地の同じカカオの木でも、発酵の場所や方法、さらには同じ方法でも、使う発酵箱によって、発酵したカカオ豆の特徴が変わるのである。ここが重要な点で、カカオ豆の品質を高め、しかも同じ品質を保とうとすれば、この発酵過程を十分に制御しなければならない。

図 1.7　台車つきの乾燥装置

カカオ豆の臭いをかいで発酵が完了したことを確かめると、すぐに乾燥である。カカオ豆から穏やかに水分を抜くためには、天日乾燥が最適である。そこで問題となるのは、熱帯雨林特有の突然の降雨である。農家の庭を使う場合は、家族総出で豆を屋内に集める。大きな規模の農園では、乾燥台に車をつけて、雨が降ったら屋根の下に移動できるようになっている（図 1・7）。乾燥によって水分が八％程度以下になれば、いよいよ出荷である。

さて、チョコレートの故郷でカカオの豆はどのように育つのであろうか。それが次のテーマである。

第二章　カカオ豆の発芽

本章と次章で、どのようにしてカカオ豆が芽を出して成木となり、花を咲かせて受粉、結実し、カカオポッドを育てるのかについて述べたい。最初に、「カカオの生涯」をたどってみよう。

2.1　カカオの生涯

カカオの栽培に適する条件は、年間を通した高温高湿の気候と有機質に富んだ湿った土壌、しかも良好な排水とされている。また強い直射日光を嫌うので、幼木のうちは他の背の高い樹と混植して、大きな日陰を作る木（シェイド・ツリー）の下で育てる。いわば、カカオ農園の内部にカカオの木を中心にした森を作るわけである（アグロフォレストリー）。

カカオの木は三十年以上の寿命があるが、豆から発芽して三～五年で実をつけ始め、八～十年後に最も多く収穫できる。昔からのカカオ農園ではカカオ豆から苗を育てるので、挿し木や接木《つぎき》は一般的ではない。しかし、病害に強いカカオを育てるために、病気に耐えた幹を使って接木する（図

2・1）。また近代的な農園では、積極的に接木法が用いられている。

一本の成木には一年で数千の花が咲くが、結実するのは数十個である。カカオの花の数の多さと、低い結実率の関係は不思議である。結実率が低いから花の数が多いのか、あるいは多数の花がすべて結実すれば木が弱るのであえて実がつかないようにしたのか、まだよくわかっていない。しかし、カカオ豆の生産効率を上げるためは、結実率が高いほうが望ましい。

カカオは、弱いながらもその花の香りで虫をおびき寄せて受粉する。無事に受粉したカカオの花を待ち構えるのは、落果と病害、そして動物による食害である。さまざまな病害はカカオ産業そのものの根底を揺るがす大問題であり、現在でもその脅威は収まらない。

図 2.1　メキシコのカカオ農園で病気にやられずに残った枝を利用した接木

無事に成熟したカカオポッドは、水と糖分を含むカカオパルプをたっぷりと貯えて、それを食べる動物を待ち構える。彼らにパルプを提供して、渋くて苦い豆をまき散らさせるのである。動物に食べられない場合は、幹で腐ったポッドに包まれてカカオ豆は地面に落下するが、その場合の発芽率はきわめて低い。なぜならば、殻が固すぎてそれが腐食する前に、中にあるカカオ豆が死んでしまうからである。

何はともあれ、生きて地面に到達した豆は、温かくて湿った土の中で発芽する。発芽まで見届ければ、カカオの生涯は無事に終わるわけであるが、そこにどんなドラマが待っているのであろうか。

2.2　アオギリ科とカカオの木

カカオの木は、世界に約七十属 約千種があるとされるアオギリ科に属する。アオギリ科植物にはアオギリ（青桐）、コラノキ、そしてカカオなど、カフェインやテオブロミンに富んだ仲間がいる。カフェインやテオブロミンはともに薬理作用があるが、テオブロミンはカフェインに比べてその作用は穏やかである。

アオギリ科を代表するアオギリは東南アジアが原産で、東アジアの亜熱帯から熱帯地方に分布している。アオギリは街路樹や緑陰樹として道端や公園などに植えられる。ヒロシマの爆心地から約一三〇〇ｍで被爆したアオギリは爆風に耐えて生き残り、被爆の翌年の春には芽を出して今でも健在で、「被爆アオギリ」として知られている。

アオギリは秋に実が熟すが、その果実の中に含まれる一～五個の小さな球状の種子にはカフェインが含まれている。この種子は古くから、「梧桐子《ごとうし》」と呼ばれる漢方薬として知られていて、咳止めや口内炎に用いられ、室町時代には焙炒して菓子にしていた。また、アオギリの葉は高血圧や高血圧症に有効とされている。

コラノキはアフリカ西部の熱帯地方が原産で、その果実の中に五～九個含まれている種子はコーラ・ナッツと呼ばれる。コーラ・ナッツにはテオブロミンやカフェインに加えて、心臓に興奮作用をもつコラニンが含まれている。アフリカでは昔から、生のコーラ・ナッツを噛んで成分を吸収し、疲労回復や空腹をいやすための興奮剤として、あるいは媚薬として用いられてきた。一昔前までは、コーラ・ナッツが貨幣がわりに使用されていたことは、カカオ豆と共通して興味深い。コーラ飲料が、コラノキの実から出発したことは言うまでもない。

カカオの木は、枝先に楕円形の葉をたくさんつける。カカオの花は幹から直接咲かせる幹生花で、一年中咲き続け、その色は白、ピンク、ばら色、黄色、赤色と多彩である。花の大きさは一～二cmであるが、受粉して結実し、約六カ月後には完熟して二〇～三〇cmほどの大きなポッドとなる。ポッドの中に三十～五十個含まれているカカオ豆は、外皮（シェル）と胚乳（ニブ）、胚芽からなり、生の豆は六〇％程度の水分を含む。表2・1には、乾燥させたカカオ豆の胚乳中に含ま

表 2.1　カカオ豆の胚乳中の成分（乾燥した豆）

成分	重量％
脂肪	50～57
タンパク質	11～19
炭水化物	24～38
アミノ酸	0.3～0.6
カフェイン	～0.2
テオブロミン	1.0～1.6
ポリフェノール	～6
ミネラル	2.5～4.5
有機酸	1.4
水分	4.3～6.3

れる成分を示すが、脂肪が半分以上を占めていることに注目してほしい。

2.3 発芽と生長

すべての種子植物は、発芽してから成熟し、緑の葉を出して空気中の炭酸ガスと太陽光のエネルギーを使って光合成ができるようになるまでの時期は、種子の中の栄養を使って生きていく。米や小麦はデンプン、トウモロコシや大豆はタンパク質や脂肪である。

カカオの場合も同様であるが、そのための主な栄養素が、表2・1にある炭水化物と脂肪である。このうち、脂肪の割合が極めて多いのがカカオ豆の特徴である。このことは、大豆（タンパク質三五％、脂肪一九％、炭水化物二八％）や米（タンパク質七～八％、脂肪二％、炭水化物七二％）と比べれば明らかである。その脂肪を主たる栄養源として、カカオ豆が発芽する。その様子は、発芽直後のカカオの幼木の茎がカカオ豆から育っていく姿からよくわかる（図2・2）。

カカオ豆の脂肪であるココアバターは、細胞の中に貯えられている。このココアバターが液体であるうちは生育中の豆や幼い苗に栄養として供給されるが、もし気温が下がってココアバターが固まれば、栄養として利用できない。すなわち、外気温が低下してココアバターが固まることは、カカオの「幼児」を死の危険にさらして、子孫繁栄の根本をゆるがすことになる。これは植物に限らず、脂肪を主たるエネルギー源にする動物でも同様である。

図 **2.2**　カカオ豆からの発芽

a：根が豆の中央部分から出る　b：発芽の瞬間（カカオ豆が左右２つに割れている）　c：カカオ豆と茎の接合部分　d：葉が出る　e：役目を終えて落下するカカオ豆（矢印）

たとえば、ショウジョウバエは脂肪を代謝して飛翔のエネルギーとしている。その体内で、脂肪は球状のリポフォリンというタンパク質・脂質複合体で運ばれる。ハエは変温動物であるから、外部の気温が低下してリポフォリン内部の脂肪が固まると、飛べなくなる。そこで、ショウジョウバエは気温の低下に適応して、脂肪の融点を下げるための仕組みを持っている（環境適応）。もしショウジョウバエの生息環境を急激に変えると、ハエは環境変化に適応できない。たとえば、沖縄に住むショウジョウバエを真冬の北海道に持っていくと死んでしまう。

これと同じように、温度が低い地方では、カカオの木はココアバターが固まらないように融点を下げる必要がある。逆に、環境温度が上がるとココアバターの融点は上昇する。たとえば、平均気温の高いマレーシアやインドネシアのココアバターは、比較的気温の低いブラジル北部のアマゾン流域でとれるココアバターより、融点がおよそ二℃高い。チョコレートを作る場合、この性質をよく理解しておかなければならない。たとえば、夏に流通させるチョコレートの場合は、融けにくいように融点の高いココアバターを含む豆を選ぶ、といったことなどである。

2.4 アグロフォレストリー

アグロフォレストリーとは、さまざまな種類の果樹や用材樹種と農作物、家畜を、同時ないし時系列的に組み合わせ、それらが経済的および生態学的に作用し合う土地利用形態をいう（図2・

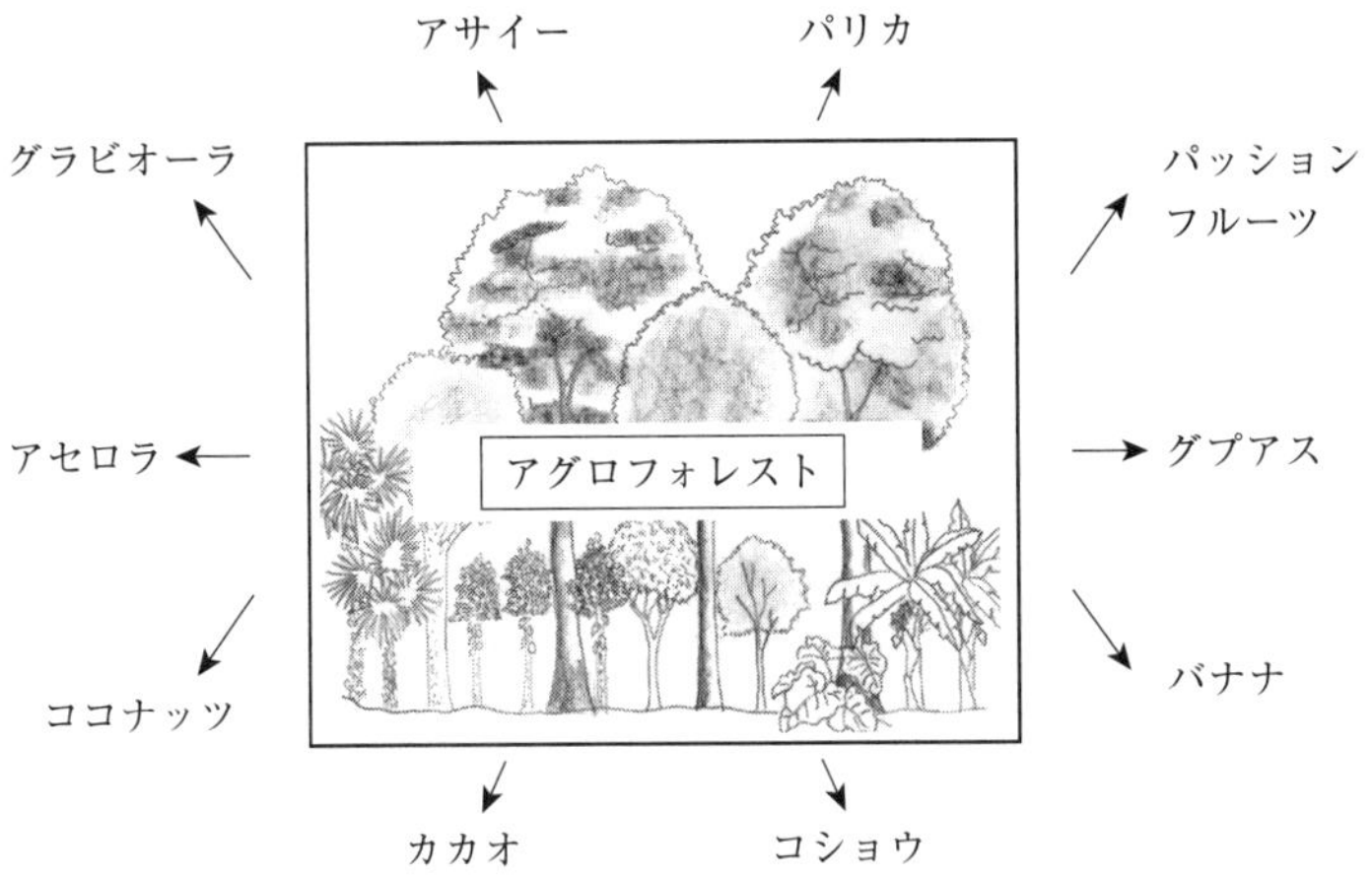

図 2.3　アグロフォレストリーの概念図

3）。アグリカルチャー（農業）とフォレストリー（森業）をあわせた造語である。

野生のカカオは熱帯雨林のジャングルで生育するので、おのずから多種多様な生物空間で繁栄してきた。カカオの人工栽培は、数千年以上前に南部メキシコ地方の人々によって始められたといわれているが、その長い経験から、熱帯雨林と同じように、カカオに直射日光を当てずに大木で日陰を作る栽培法が最適であり、現在でもそれは受け継がれている。

具体的には、最初にカカオとともに一年生作物（トウモロコシや米、豆など）を植える。同時にドラゴンフルーツやコショウ、パッションフルーツ、バナナを植える。これらは日陰樹となる。コショウは五年ほどで枯れるが、その後ほかの木が大きく生長する。

カカオ農家は、このアグロフォレストリーによ

図2.4　ホンジュラスの新しいカカオ農園のアグロフォレスト（カカオ、バナナ、ホンジュラン・カオバが混植されている）

る農法で生計を立てている。トウモロコシや米などは直接生活の糧になると同時に、カカオの苗が最も弱い時期に日陰を作る。幼木を育てるために植えるバナナの木は、カカオが三～四年で実を結ぶまでの間の収入源となる。大木は、いずれ家具の材料となる。このように、樹木の高さを考慮した三次元の計画、さらに時間軸まで考えて計画された農法は、遷移型アグロフォレストリーと呼ばれる。

ホンジュラスで訪問した近代的なカカオ農園では、カカオの木を遮蔽するため、三種類の樹木で苗木をカバーしていた。図2・4に、作り始めて二年目の若い農園の様子を示す。まだ農園を始めたばかりなので「森」にはなっていないが、アグロフォレストリーの構成がよくわかる。一番大きい木が高級家具の素材にもなるホンジュラン・カオバ、その下にバナナとウイゲリージャの木を植えてある。あと二年もすれば、鬱蒼《うっそう》としたカカオ農園になる。この農園では、カカオの若木は接木で育てている。また、日本のＯＤＡの援助で上流にできたダムから水を引いて灌漑《かんがい》施設を整えている。さらに、肥料は鶏糞とトウモロコシのコンポストの有機肥料で、完全な有機栽培農場をめざしている。

カカオの栽培にとって、アグロフォレストリーはなぜ有用なのであろうか？　なぜカカオの木に燦々《さんさん》と太陽光を当てて光合成を活発化させ、水と肥料をたっぷり与えてたくさんのカカオポッドを育てないのか？――日本のほとんどの果樹栽培で常識となっていることが、カカオでは通用しない。

まず、カカオは落葉、落枝量が多いので、アグロフォレストリー農法であれば肥料を必要としない。これに加えて、①さまざまな木の複合系が、湿度や豊富な窒素を保って多様な植物相を育て、カカオの花の受粉を助ける昆虫を繁栄させる、②大木による日陰が受粉を促進する、③強風から幼い枝葉を守る、④カカオの花や新芽を食べる害虫を捕食する鳥類を生息させる、⑤土壌に水分を保つ、などである。このような環境は単一栽培農法ではなく、多くの植物種を混ぜて植えることによってできあがる。さらに単一栽培では、病害が発生した場合や、取引価格相場が下落したときに農家が受ける被害が大きい。アグロフォレストリーのような混植法は、そのようなリスクを避けるためにも有効なのである。

カカオポッドには多量の水を含むカカオパルプがあり、そのために土壌に大量の水を必要とする。また、カカオに新しい枝ができるときに顔を出す柔らかい葉は、風に当たるとしおれるので、強い風を避けることが必要である。

しかし最近になって、カカオの木の遮光の必要性は、実は土を湿らせるためだけであって、苗木の段階ではたっぷりと日光を当てて、収穫の段階で光をさえぎって土を湿らせればよいという考えが生まれている。灌漑設備を整えて、カカオの木の根元だけに水を補給して土壌を湿らせ、日光をカカオの葉の全体に当てて光合成を活発にするのである（図2・5）。いずれもカカオの生産性の向上が目的であるが、このような発想がどこまで有効であるかについては、今後に注目したい。

図2.5　ホンジュラスの新しいカカオ農園の灌漑施設

カカオ農園の大敵は強風で、中南米ではハリケーンである。たとえば、ホンジュラスのカカオ農園は数年前にハリケーンで壊滅し、十八世紀には、カリブ海諸島に広がったカカオプランテーションが巨大なハリケーンで壊滅した。この点でも、大木を混植したカカオ農園であれば、防風の機能を併せ持っていることになり、ハリケーンの被害を防ぐことができる。最近の地球温暖化でハリケーンの規模が拡大していることを考えると、アグロフォレストリー農法の価値はさらに高まるであろう。

アグロフォレストリーは熱帯雨林と同じく、生物多様性を維持するのに適しているので、カカオ栽培は他の熱帯作物に比べて森林破壊の程度は低く、むしろ「森を作る農法」といえる。近年注目されはじめているアグロフォレストリーにおいて、カカオはその中核作物となる。

無事に発芽したカカオ豆が、成長して成木となり、花を咲かせて子孫を残すのであるが、そのためには受粉しなければならない。次に、カカオの花の受粉の仕組みについて考えたい。

第三章　カカオの花の受粉とポッドの生育

一本のカカオの木には一年を通して数千個の花が咲くが、無事に実を結ぶのは一％前後に過ぎない。この割合は異常に低く、カカオの不思議の一つとされている。現在、世界中でチョコレートやココアを使う食品の需要が増しているのに対して、カカオ豆の生産が追いつかずに需給が逼迫《ひっぱく》し、カカオ豆の値段が高騰している。もし、カカオの木に栄養を十分に与えて受粉率を向上させ、病害を克服することができれば、カカオ豆の生産量が増加する。

ここでは、カカオの花の受粉とカカオポッドの病害について考える。

3.1　受　粉

カカオの花は、大きさが約一・五㎝の五数花で（口絵写真3）、五枚の萼《がく》片、五枚の花弁、五つの葯《やく》と五枚の仮雄蕊《かりおしべ》が、一本の柱頭、すなわち雌蕊《めしべ》を包んでいる。

カカオの花は雄蕊と雌蕊が同じ花にある両性花で、虫によってのみ受粉が行われる（虫媒花）。

温帯や冷帯の森林では、風により受粉する花（風媒花）が多いが、カカオに限らず、熱帯雨林に咲くほとんどの花は、虫媒花である。森林総研の永光輝義氏によれば、マレーシアのサラワク州、ランビル丘陵国立公園の森林で開花した二七〇種の植物の花を調べた結果、すべてが虫媒花で、風媒花は見つかっていない。また、中南米コスタリカのラセルバ国立公園の森林でも、二七六種の植物の中で風媒花は七種だけだった。

一般に虫媒花は、花の香りや色、蜜のにおいなどで花粉を運ぶ虫（送粉者、あるいは授粉者）を誘引する。花の香り成分の多くは「精油」成分と呼ばれ、油やアルコールに溶けやすい性質をもっている。精油成分には、一つの花でも一〇〇を超える揮発性物質が含まれ、それが複雑に絡み合っている。たとえば、ラベンダーには約三〇〇種類もの香り成分が含まれている。ただし、花によっては数少ない精油成分で代表されるものもあり、サクラの香りはベンジルアルコールとベンズアルデヒド、ジャスミンの主な香り成分は、ジャスモン、ジャスモン酸メチル、ジャスミンラクトンで代表される。

ほとんどの花の精油成分は、昼夜で発散量が変化する日周変化を示す。この日周変化は、特定の送粉者を誘うのに役立っている。たとえば、夜に強く香る花はガ、昼間に強く香る花はハチなどを誘う。送粉者の種類は約二十万種と推定されており、その大部分は昆虫で、ハチ、アリ、チョウ、ガ、アブ、ハエ、カが代表的である。送粉者に対して、花はご褒美として蜜などを与える（報酬）。ただし、花の蜜だけでなく花粉も食べるのに授粉しない不届き者（花粉泥棒）もいるが、カカオの

図 3.1　カカオの幹とカカオポッド

花でも例外ではない。

　では、カカオの花の受粉の仕組みはどうなっているのであろうか。それを解く鍵は、熱帯雨林に育つカカオが幹生花であること、カカオの花の独特な構造と精油成分、熱帯雨林に住む小型の虫の生態、そしてこれらをすべて含んだアグロフォレストリーとしてのカカオ農園の環境である。

幹生花

　カカオのように、茎の先端や葉の付け根ではなく、太い幹や枝から直接花を出して実をつける「幹生花（あるいは幹生果）」（図3・1）は、熱帯雨林の日陰で受粉を確実にするために生まれた。「果物の王様」のドリアンや、「世界最大の果実」といわれているパラミツも幹生花である。ただし、カカオはアオギリ科、ドリアンはパンヤ科、パラミツはクワ科であるが、いずれも熱帯の幹生花となっている。

　熱帯雨林では、日当たりの良い上部空間（樹冠）と、樹冠に覆われた日当たりの悪い空間とは、温度・湿度などが劇的に変わり、受粉に関与する昆虫も、樹冠を好む種と地面に近い部分（林床）

を好む種に分けられるという。林床は暗いため、植物にとっても光合成がしにくく、植物資源が乏しい空間になっている。そこに咲く幹生花は、樹冠で光合成した栄養素を使って林床に花を咲かせることにより、林床を好む昆虫に貴重な栄養を提供している。

幹生花はミツバチ、スズメバチ、コウモリなどの動物でも受粉できる。しかし、暗い日陰を好むカカオは、湿った落ち葉の堆積物などの中で生きていて、日陰を好む小さな虫によって授粉される。カカオの花は薄いピンクや黄色、または白色で、花弁には赤い縞模様がある。カカオの花の蜜は極めて少ないが、この縞模様が「蜜のガイド」の役割を果たしているように見える。カカオの花は人には匂わないが、送粉者には感知できる香りを放っている。重要なこととして、カカオの花が大変小さいことと、地面に向いて下向きに咲いていることがある。

カカオの花の寿命は短い。午後遅くに極めてゆっくりと開花しはじめ、夜を通して開き続けて翌朝五時頃に完全に開花する。しばらくして花粉を出しはじめて、一～二日ほど持続する。受精する能力は、開花した日の朝が最大で、二日経っても受精しない花は落下する。

カカオの花の構造

図3・2と図3・3に示すように、雄蕊の先には花粉を包む葯があり、柱頭の下にある子房には数十個のカカオ豆の胚珠がある。葯から出た花粉が柱頭に達して受精すると、この胚珠がカカオ豆になる。面白いのは、細長い五本の仮雄蕊ががっちりと柱頭を取り囲んで、すぐ外側にある葯の花粉

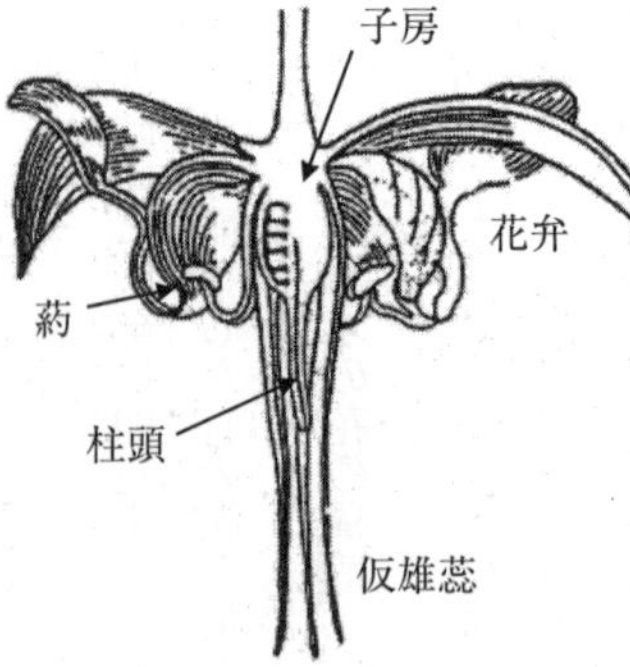

図 3.2　カカオの花の断面図

が柱頭に届かないように物理的な障害となっていることである。そのために、花粉の袋はすぐ近くにあるのに、太くて長い仮雄蕊が柱頭を取り囲んでいるので、柱頭に花粉が届きにくい。

このように、カカオの花の形が受粉の効率をわざと低くしているように見えるのには理由がある。それは、カカオがお互いに異なる木の花からの受粉を促しているためである（異系交配、あるいは他家受粉）。

異系交配とは、分類上は同じ種類の間で類縁関係が比較的遠い品種などを交配することである。同じ花の中で同系交配（自家受粉）するよりも、異系交配のほうが遺伝上の優位性を選択できる。被子植物では多くの花に雄蕊と雌蕊が共存するが、さまざまな仕組みで同系交配を妨げるようになっているものが多い。たとえば、雌蕊が先に熟して雄蕊が遅れて成熟する「雌性先熟《しせいせんじゅく》」、あるいはその逆の「雄性先熟《ゆうせいせんじゅく》」は、自家受粉を防ぐための有効な方法である。カカオの花の場合は、その独特の形で異系交配を促進しているのである。もちろん、送粉者が自分の花の花粉に触ったあとで柱頭にやってくれば自家受粉となるが、カカオの花の不思議な形は、他家受粉への「期待」を物語っている。

カカオの黄色い花粉には粘着性があり、風や雨によって流されることはなく、葯が破裂しても花弁の袋の中に留まりやすい。したがって、大きな虫が花弁にやってきて、仮雄蕊の外側にある葯から出た花粉に触ったあとで、仮雄蕊のブロックを超えないまま花弁と仮雄蕊の間で羽を動かしたりして機械的に振動しても、花粉の粘着性と仮雄蕊によるブロックによって柱頭には花粉は届かない。カカオが他家受粉するためには、他のカカオの木で花粉を集めた送粉者が花にやってきて、仮雄蕊のブロックを乗り越えて柱頭に達しなければいけないが、そのために移動できる空間は狭い。

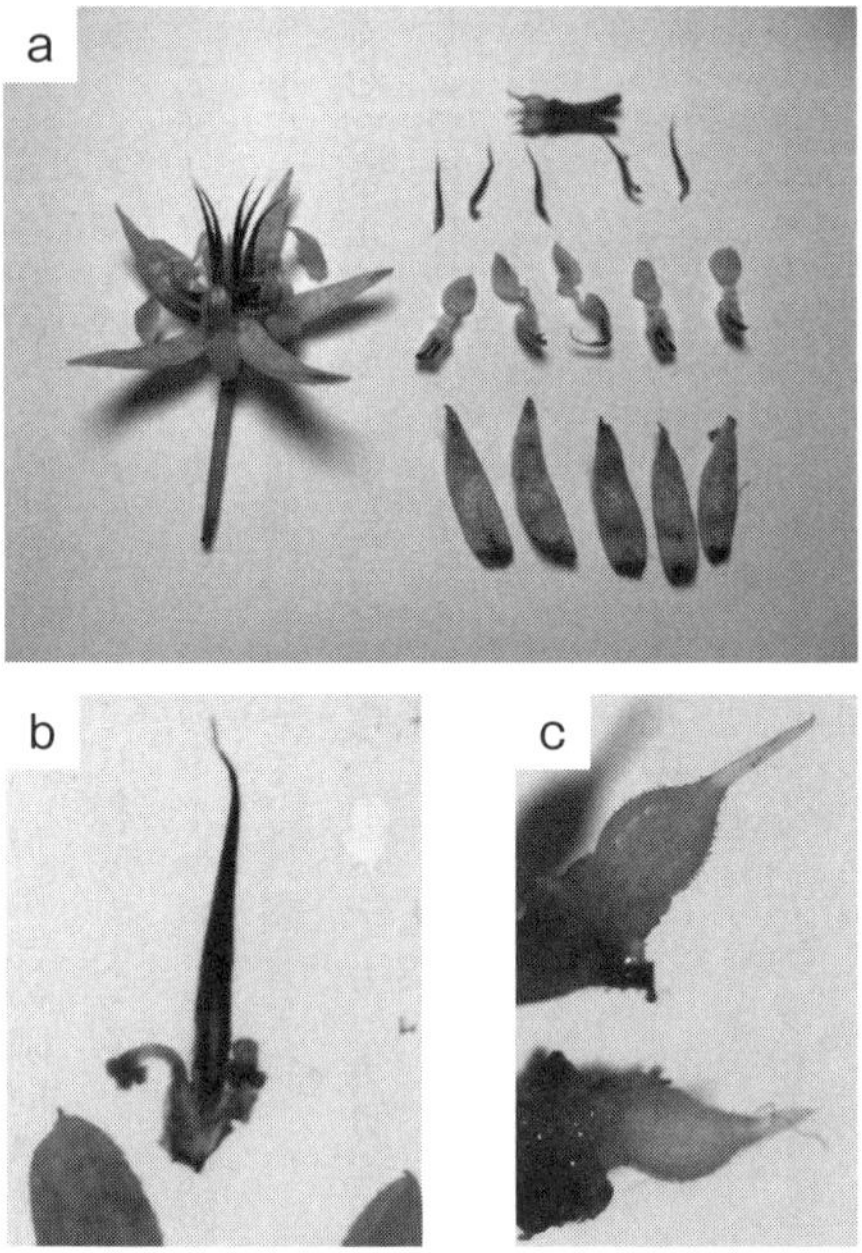

図3.3　a：花の部分。上から雌蕊と花柄を縦にスライスしたもの、仮雄蕊、花弁、萼片、b：仮雄蕊の拡大図（左側に突き出しているのが葯で、袋が2つ見える）c：雌蕊の断面（先端が柱頭）（河田昌子氏提供）

花の大きさが約一・五cmであるから、仮雄蕊の隙間はせいぜい二〜三ミリである。そのような理由から、カカオの送粉者は一〜二ミリ程度の大きさの虫に限られるのである。

アメリカ・ウィスコンシン州のミルウォーキー博物館の研究員アレン・ヤングは、コスタリカを中心にして約三十五年間にわたって野外調査を行った。その結果、コスタリカのカカオの花の送粉者を突き止めるとともに、研究室においても、カカオの花の構造と香り成分などを詳しく調べた。そこで行われた数々の発見によって、驚くほど精巧なカカオの受粉の仕組みが解き明かされたので(1)、次に紹介する。

コスタリカのカカオの花の受粉

大豆やヒマワリをはじめとする多くの花の受粉者として知られているミツバチは、カカオの花には来ないことがわかった。体の大きさが約三ミリという小型のハリナシバチが、日向にいるカカオの花につくのがしばしば観察された。しかし、よく観察すると、このハチは日和見的にカカオの花を訪れて蜜を吸う。もし、ハリナシバチが激しく羽を動かして葯を揺すれば、花粉が飛び出て受粉するかもしれないが、花粉が粘りつきやすいことと、仮雄蕊が作る壁のために、その可能性は低い。つまり、ハリナシバチは「花粉泥棒」ということになる。

コスタリカにおけるカカオの花の主な送粉者は、ヌカカとタマバエである(図3・4)。ヌカカ(糠蚊)は、双翅目ヌカカ科に属する体長一〜一・五ミリほどの小型の昆虫で、たくさんの種類がい

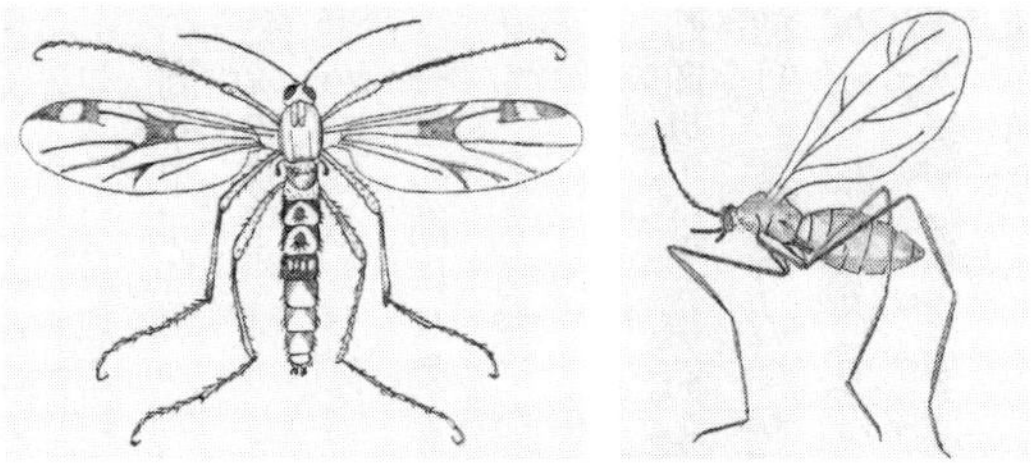

図 3.4　コスタリカのカカオの花の送粉者（左：ヌカカ、右：タマバエ）

る。タマバエは、双翅目タマバエ科に属する小さな昆虫で、これもショクガタマバエやハダニタマバエなど多数の種類がある。

ヌカカは吸血性の昆虫で、日本にも多数生息している。照明に誘引され、体が小さいため網戸を潜り抜けて飛来するので、屋内にいても吸血されることがある。ヌカカに咬まれた直後は痛みを感じないが、しばらくするとノミよりも痛痒い症状になる。ヌカカは家畜や家禽も襲い、ニワトリヌカカは伝染病であるロイコチトゾーン病の原虫を媒介する。熱帯では、マラリアもヌカカにより伝染する。したがって、人や家畜にとってはきわめて厄介な「害虫」ということになる。しかし、このヌカカ、あるいは他の国でも、ヌカカと同様の小型の虫のおかげでカカオの花が受粉し、カカオ豆が育って、我々はおいしいチョコレートを食べられるのである。

ヌカカの生育のためには、十分な湿度と、幼虫が育ちやすい環境が必要であるが、カカオの木が生育するアグロフォレストはそれにぴったりである。大木で覆われた木陰が湿度を高めて、湿った地面に堆積する落ち葉の上、切り倒されて腐ったバナナの木株、腐ったカカオポッドの中などにある水溜りで、ヌカカの幼虫（ボウフラ）

が育つ。カカオポッドの場合には、病気にやられたポッドではなく、動物に食べられて腐ったポッドの中でヌカカは生育しやすい。そのようなポッドは、腐ってもカカオの幹についたままなので、すぐ近くにあるカカオの花をヌカカが訪れやすいからである。

コスタリカにおけるヤングの観察は、ヌカカの授粉行動に集中していた。たとえば、カカオの花の周りを布で覆って、その中にヌカカの蛹《さなぎ》と成虫をいれた場所と入れない場所で、カカオポッドの結実の様子を観察した。その結果、ヌカカを入れない場所の花は結実しないが、入れた場所ではわずかではあるが確実に結実率が上がった。

一日の間にヌカカは、早朝から夕方まで活動する。それは、まるでカカオが早朝に開花を完成させて、最も活発になる時間に合わせるかのようである。花の立場から見ると、葯の袋が開いて花粉をまき散らし、柱頭が花粉を受容する能力は早朝から昼までが最も高い。花粉は少なくとも二十四時間以上は受精能をもっているので、夜のうちに花粉を準備し、早朝から花粉をまき散らす花の生態は、ヌカカの授粉行動にうまくマッチしている。なお、ヌカカの雌と雄では花への取り付きが異なり、卵子を育てるための滋養を求めて雌のほうが多く花にやってくる。

次に、ヌカカを吸引する香りであるが、花弁と萼片の間にびっしり詰まった多細胞状の糸状体の輪があり、そこから香り（精油成分）を出していた。精油成分として七十八成分が同定されたが、不飽和炭化水素である1-ペンタデセンが全体の半分を占めた。1-ペンタデセンは分子量が大きいために空気よりも重い。この性質は、下向きに咲いているカカオの花の中で、萼片と花弁の間から下のほうに流れ出て、花の下側から雌蕊の柱頭に送粉者をおびき寄せるためには好都合である。カカオの花の中の1-ペンタデセンの濃度は夜と早朝と午前に増えたが、午後には一%まで落ちた。これは、送粉者のヌカカの活動が活発になる時間帯と同じである。

以上をまとめて、他家受粉をするヌカカの行動を図3・5に示す。開花時間は早朝で、それから昼までの間に香りの発散が最も強く、雌蕊の受精能力も高く、さらにヌカカの行動も活発である。カカオの花は、香りでヌカカをひきつける。その香りは仮雄蕊の外側の花弁の根元から揮発したあと、仮雄蕊と柱頭を包むように下に降りてきて、送粉者を柱頭に誘引する。香りに引き付けられて花の下側からやってきたヌカカは、柱頭に取り付いて他の花から体に付着した花粉をそこに塗りつけてから、仮雄蕊を通り抜けて香りの強い花弁側に移動し、そこでこの花の花粉を付着させ、他の花に飛んでいくのである。

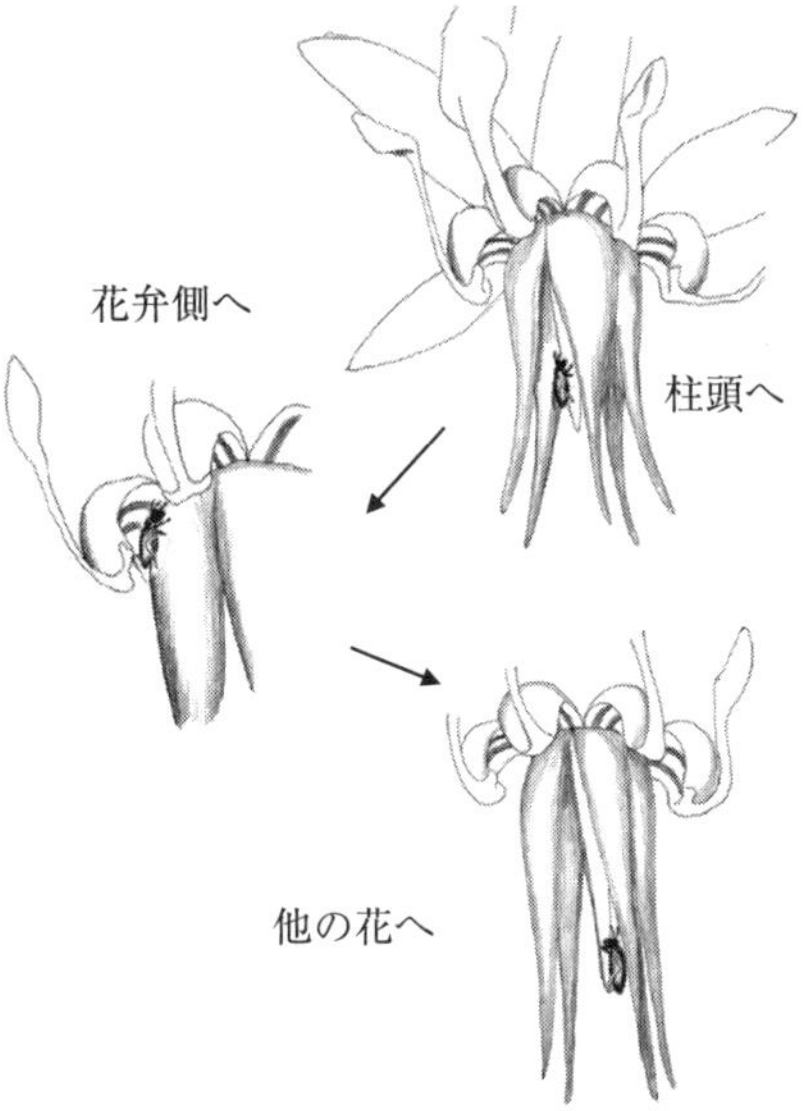

図 3.5　ヌカカによるカカオの花の他家受粉の仕組み

　ヌカカが、仮雄蕊に取り囲まれている柱頭ではなく、いきなり香りを発する花弁の外側の付け根に取り付いてしまえば授粉できない。カカオの花は、柱頭の周囲の仮雄蕊の物理的障害によって、他家受粉により遺伝上の優位を保つというメリットと、受粉率の低下というリスクとを併せ持っていると思われる。

ここで紹介したのはコスタリカにおけるカカオの花の受粉の仕組みで、アフリカやアジアでは送粉者は異なるかもしれない。しかし、ヤングが実証したような、アグロフォレストリーの環境に見事に調和したヌカカとカカオの花との関係は、中南米から世界各地に散ったカカオに共通していると思われる。

3.2 カカオの病害

カカオの木を脅かすさまざまな病害は、一国あるいは広範な地域のカカオ産業の根底を揺るがす大問題であり、現在でもその被害は深刻で、カカオの生産性を低下させる大きな原因となっている。病害のない順調なカカオ生産だけでも過酷な労働を必要とするのに、いったん病害が広がると、罹患したポッドや枝の剪定などのため、肉体労働の負担が加わる。さらに、病害を根絶するには、自然の力による病害克服を辛抱強く待つしかないため、度重なる病害は、熱帯地域の農民のカカオ栽培への意欲をそいでしまう。

カカオの木の主な病気は、第一にブラックポッド病で、すべての年齢のカカオポッドがやられる

（図3・6上）。ブラックポッド病は、世界中に広がっている。次にはモニーリア病で、厚い菌糸体の膜がポッドを覆い、胞子が風、雨、虫、人を介して広がる。日光を当てて乾燥させれば駆除できるが、そうするとカカオの木がやられるという面倒な病気である。

モニーリアに有効な薬剤はない。農園を乾燥させればよいが、それだと直射日光がポッドに当たるためよくない。モニーリア感染の兆候は、カカオポッドの木に近い部分の小さなくびれで、ポッドがまだ小さいときに、熟練した者がそれを見つけて駆除しなければならないが、すべてのポッドを調べるのは重労働である。

さらに、一箇所にたくさんの枝が伸び、花が咲いて、カカオポッドが大きく成長しない天狗《てんぐ》巣病が有害で、罹患した枝は箒のようになるので別名を「魔女の箒《ほうき》病」という（図3・6下）。天狗巣病は、ウィルスが原因でカカオの木がやられて、樹勢が弱まる恐ろしい病気である。この病気のために、一九九〇年代にはブラジルが、カカオ生産量でコートジボワールに次いで世界二

図3.6　カカオの木の病害（上がブラックポッド病、下が天狗巣病に罹患した枝）

番目という地位を追われ、また、カカオ発祥の地である中南米が、アフリカ地域やアジア地域に抜かれる羽目になった。

モニーリアと天狗巣病は中南米で猛威を振るっているが、まだアフリカにはない。幸いにも貿易風はアフリカから南アメリカに向かって吹いているので、カビが風で運ばれてアフリカに伝播する危険性は低い。しかし、何らかの突発的な理由で、（たとえば、不心得者が検疫をかすめて、罹患したカカオポッドをアフリカに持ち込むなど）、アフリカにこのカビが入れば大変なことになると危惧されている。

これらの病害を駆除するには、大変なコストがかかる。したがって、罹患したポッドを見つけ次第燃やし、木の部分を剪定するしかないが、それは応急措置に過ぎない。最良の駆除は耐性種の開発であるが、耐性の起源の解明が難しいことと、耐性を獲得しても二〜三年で耐性が消滅するので困難である。また、耐性の機構もよくわかっていないので、耐性の有無は罹患率が低下することを確認するしかない。

現地の農民は、どのようにカカオの病害を克服しているのであろうか。

メキシコ南部に広がるシエラ・マドレ・チャパス山脈の麓の斜面に広がる農園は、二百〜三百年も続く古い農園で、数十年の古い木を切って、新しく出た枝のうち強いものを残して、昔からの種を保存している。このあたりではモニーリアが猛威を奮い、死んだポッドがあちこちに落ちていたが、農民たちはわざとモニーリアに感染させて耐性を調べており、接木によって病害に強い木を育てていた（第二章の図2・1）。

一方、メキシコのユカタン半島の付け根にあるタバスコ地方で、クリオロ種のカカオ豆のみを生産するという、メキシコで最も有名なカカオ農園では、徹底した管理で、病害のない大きな農園を経営していた。クリオロ種はカカオの原種に最も近いとされる高級カカオ豆で、病害に極めて弱いために中南米以外ではほとんど生産されず、世界の生産量は一〇％に満たない。この農園ではクリオロ種だけを毎年五トン生産し、平均価格の二～五倍の値段で、世界的に有名なプレミアムチョコレートを作る会社と直接取り引きしている。この農園は極めて整然としており、モニーリアに罹患したポッドは一つもない（図3・7）。それは当然で、病気の駆除のためだけに、熟練した労働者が毎日五ヘクタールの広さのカカオポッドの一つ一つをチェックし、見つけ次第駆除しているのである。

この農園では、収穫用のトラクターが通れるくらい幅広く間をあけてカカオの木が植えられており、木の上半分がびっしりと葉で茂り、下側はきれいに剪定され、全体を高い木が葉を広げて遮光している。そして、すべての木が一つのクローンになるように接木で増やし、苗木の畑もきれいに整備されている。接木の枝には、剪定で切った枝が使われる。また、完全を期するために、豆から育てた枝に剪定の枝を接木する。殺虫剤はオーガニックで、トウガラシ、タマネギ、ニンニクなどを使っている。

以上見てきたカカオの病害は、植物と病害菌との間に成り立つ普遍的な関係から逃れることはで

図 3.7　病気の駆除を徹底したカカオ農園（上は全体の外観、下はカカオポッドの結実の様子）

きないが、アメリカ・マイアミ大学のニコラス・マネーはそれを三つにまとめている(2)。

第一に、病原菌は単一栽培された作物に引き寄せられやすい。

第二に、栽培植物に病害菌がついてくることはなく、原産地で有害菌の侵入を防ぐことができれば、自然分布域の外で栽培されると作物はよく育つ。

第三に、自然分布域の外で育った作物は、新しい場所にいるあらゆる種類の病害虫に襲われる危険性が高い。
これに従えば、カカオの成育を限りなく「自然分布域」、すなわち手付かずの熱帯雨林に近い環境で行えば、病害に襲われる危険を低下させることができると期待されるのではないだろうか。現在試みられているアグロフォレストリーが、どの程度「自然分布域」に近いのかは議論の余地はあろうが、一つの重要な試みといえよう。

これまでに、カカオ豆の発芽から花の受粉、そして病害を見てきた。無事に収穫されたカカオ豆が、「飲むカカオ」や「食べるチョコレート」に変身するのは、もうすぐである。しかし、その前にカカオ農園でやらなければならない重要な仕事がある。それが、発酵と乾燥である。

（1）Allen M. Young, The Chocolate Tree, University Press of Florida, Gainesville（2007）
（2）チョコレートを滅ぼしたカビ・キノコの話、ニコラス・マネー著、小川真訳、築地書館（二〇〇八）

第四章　カカオ豆の発酵と乾燥——チョコレートは発酵食品

これまで、カカオの自然の成長サイクル、すなわち、——動物が完熟したポッドを割りパルプを食べる。豆をまき散らす。豆が発芽してカカオの木が育つ。花が咲き、受粉する。ポッドが結実して成熟する——ことを見てきた（図4・1）。

しかし、チョコレートが生まれるためには、このサイクルから抜け出て、パルプと豆を発酵させて乾燥し、さらに豆を焙炒しなければならなかった。そこで初めて、香り高いカカオ飲料とチョコレートができたからである。それを成し遂げたのが、古代の中南米の人々である。とりわけ、カカオ発酵の発見は画期的であった。

世界中のすべてのカカオの生産地では、農民たちは成熟したカカオポッドから豆を取り出したあとで、豆とその周りにからみついたパルプを一緒にして発酵させて、乾燥させる。ここまでがカカオ農園での仕事で、乾燥されて袋詰めされたカカオ豆はチョコレート工場に船で運ばれ、そこで焙炒が行われる。

ここで重要なことは、発酵しない豆でも乾燥させて焙炒すれば食べられることである。序章で紹介したメキシコ・ソコヌスコ地方の「パツォル」では、カカオ豆を発酵しないまま焙炒し、同じように焙炒したトウモロコシと一緒にして、水に混ぜて飲んでいる（口絵写真６）。

　パツォルの場合に発酵を必要としない理由は、冷たい水に入れてそのまま飲むからである。実際に、パツォルはチョコレートの味がまったくしなくて、むしろトウモロコシの味が強かった。つまり、パツォルは冷たい水溶性ドリンクなので、ココアバターは固まったまま細かい粒となって水の中に分散している。お腹に入ってから体温で温められてココアバターが融け出し、消化・吸収されてエネルギー源となる。そのような飲み方をする限りは、チョコレート特有の味や香りは生まれないし、その必要もない。

　しかし、チョコレートを作るためには、カカオ豆の発酵処理は絶対に不可欠である。したがって、「チョコレートは発酵食品」なのである。「発酵」と聞けば、ほとんどの人が日本酒やワインを思い浮かべるので、チョコレートと発酵が結びつくとはとても思えない。しかし、発酵なしではチョコレートができないことは、世界のどこへ行っても間違いない。もちろん普通のチョコレートにはアルコールは含まれていないの

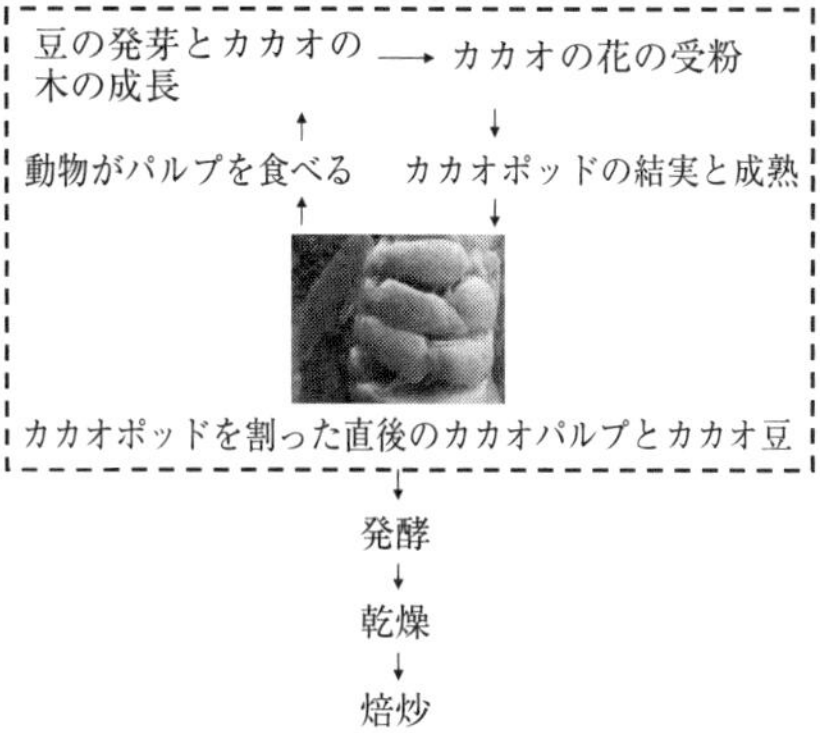

図 4.1　カカオの自然の成長サイクル（点線の内部）と発酵・乾燥・焙炒

で、チョコレートにとっての発酵の目的は、アルコールを作ることではない。

カカオの発酵では、カカオ豆だけでなく、その周りに付着しているカカオパルプも極めて重要な役割を果たす。第一の理由は、カカオの発酵では、カカオパルプから発酵が始まり、それが豆の酵素反応に欠かせないからである。しかしそれ以上に重要なのは、発酵したカカオ豆を食べることを人類が発見するきっかけを、カカオパルプが生み出したことである。そのきっかけとは、「カカオ酒」である。

4.1 カカオ酒

現在、焙炒したカカオ豆を使った「カカオ酒」が一部の嗜好家の人気を集めている。市販されている「カカオ酒」には、いろいろな種類がある。たとえば、カカオ豆を赤ワインや白ワイン、さらには日本酒に浸漬させて作るカカオワイン、氷砂糖とカカオ豆をラム酒に入れて作るリキュール、さらには、カカオ風味の発泡酒などがある。

しかし、古代の中南米の人々が作ったカカオ酒は、このようなものではない。それは、カカオパルプそのものを発酵させたお酒である。この酒は、出産や結婚など特別な日を祝うために、当時の中米の富裕層に普及したと推察されている。大変面白いことに、中南米地方では、今でも昔と同じ方法でカカオ酒が作られ、ブラジルでは高級酒として売られている（図4・2）。

白色のカカオパルプには、水分（八二〜八七％）、糖（一〇〜一五％）、ペントサン類（二〜三％）、クエン酸（一〜三％）、ペクチン（二〜三％）のほかに、タンパク質、アミノ酸、ビタミン類（主にビタミンC）、ミネラル類が含まれている。一つのカカオポッドにどれくらいのパルプがあるかは、ポッドの成熟の度合いやカカオの産地によって異なるが、共通して若いポッドほどパルプが多く、成熟するにつれてパルプの量は減ってくる。

カカオパルプにはクエン酸が多く含まれるために酸っぱい味がして、そのpHは三・五〜三・八である。糖類は主にショ糖、ブドウ糖と果糖で、その濃度はポッドの熟度が増すと増加する。また、新鮮なポッドよりも、収穫から六日ほど経過したポッドでブドウ糖や果糖が増加し、糖全体の濃度もわずかに上昇する。糖分を多く含むカカオパルプは、発酵を促す微生物が生育するには格好の培地であり、条件が整えば糖からアルコールができあがる。

図 4.2　ブラジルで売られているカカオ酒（カカオワイン）

古代のカカオ酒の存在を示す最も古い証拠が、アメリカ合衆国・コーネル大学の人類学教室のヘンダーソン教授が率いるチームにより、二〇〇七年に

図 4.3　ホンジュラスで発見された、今から 3100 年以上前の、カカオ酒を入れた壺の再現図 [1)]

ホンジュラス北部のウルア渓谷の低地にある村から発見された（1）。紀元前千百年代に作られた壺の破片の発見は、それまで考えられていたよりも五百年も前から人類がカカオを加工していたことを示した。この渓谷は、十六世紀にこの地を支配したスペイン人たちが、本国での消費用に高品質のカカオ豆を生産したことで有名であるが、それより約二千五百年以上も前からカカオが生産されていたことになる。

ヘンダーソンたちは、十三個の壺の破片のうち十一個の破片から、テオブロミンとカフェインを検出した。最も古い年代の破片から再現された壺の形を、図4・3に示す。細長い首をもつこの壺の形から、この時期のカカオ飲料は、紀元後のマヤ・アステカの時代で珍重されたような、発酵して乾燥させたカカオ豆から作る泡立ったドリンクとは異なって、カカオパルプを発酵させたアルコール飲料ではないかと考えられた。すなわち、カカオパルプだけから作る飲料、あるいは、デンプンや糖類を含むキャッサバやトウモロコシにカカオパルプを混ぜて、「チッチャ」と呼ばれるビールのような飲料を醸造していたのである。

メソアメリカで人々がカカオ酒を作りはじめた頃は、カカオ豆は捨てられていた。ヘンダーソンたちは、チッチャ飲料の製造を繰り返しているうち偶然に、発酵されたカカオ豆を使ったチョコレート風味の飲料の製造方法が発見されたのではないかと推察している。

4.2　カカオの発酵

カカオの木から切断されて収穫された時点では、ポッドの内部は無菌状態で発酵は起きない。そのまま放置すれば、ポッドは熱帯雨林の湿気と熱で微生物が活発に働いて、外側の厚い殻から速やかに腐敗する。しかし、カカオ豆を取り出すためにポッドを割った瞬間から、その周りにいる多くの種類の微生物によって、カカオパルプの発酵が始まる。

すでに述べたように、パルプは一〇〜一五％の糖分を含むため、発酵菌の繁殖には非常に都合がよい。発酵菌は、農民の手やポッドを割るナイフ、発酵箱、発酵箱を覆うバナナの葉などに生息している。

発酵とは

まずはじめに、「発酵」とは何かを考えてみたい。発酵（醱酵とも書く）とは、広い意味では微生物を利用して食品を製造することをいう。しかし、正確な定義では、酵母などの微生物が酸素のない(嫌気)条件のもとでエネルギーを得るために、糖などの有機化合物からアルコールや炭酸ガスなどを生成する過程をいう。その過程で生まれる生体エネルギーの源であるＡＴＰ(アデノシン3リン酸)を、微生物は利用するのである。

発酵は、光と炭酸ガスでエネルギーを獲得する「光合成」や、酸素を吸ってエネルギーを獲得する「呼吸」と並んで、生命がエネルギーを獲得する重要な過程である。その中でも、嫌気条件で行われる発酵は、地球で生まれた生命が最初に獲得した生体エネルギーの生産システムである。すなわち、発酵があってこそ、この世に生まれた最初の生命が生きながらえることができたのである。

酸素を吸って生きている我々にとっては、発酵は微生物が密やかに行う不思議な営みに見えるかもしれない。しかし生命の進化の歴史から見れば、発酵は光合成や呼吸に先んじている。なぜならば、地球上の最初の生命は、地球の大気が炭酸ガスと窒素で覆われた嫌気条件で生まれたからである。生命が発生してから十億年以上もの間、地球上には微生物しか生息せず、発酵によって生体エネルギーを獲得する時代が続いた。そのあとでやっと光合成が可能となり、さらに後の時代になって、光合成により大気中の酸素濃度が増えたために、呼吸による生体エネルギーの獲得が始まったのである。

人類は食料の確保、とくに食品の加工と貯蔵のために昔から発酵を利用してきた。代表的な発酵食品としては、日本酒やワインなどのアルコール類や、醤油、ヨーグルト、チーズなどがある。発酵には、アルコール発酵、乳酸発酵、酢酸発酵、メタン発酵などさまざまな仕組みがある。このような違いは、発酵に関与する微生物の種類や環境条件、とりわけ酸素を必要とするかしないか、強い酸性か弱い酸性か、アルコールや濃度の高い糖分に影響を受けるかどうかなどによって決まってくる。その例として、日本酒、ワインとカカオの発酵を比較してみる。

日本酒、ワイン、カカオの発酵の比較

近代的な日本酒の発酵法では、酒米を蒸したあとで、腐敗菌が繁殖しないように乳酸を加えて酸性にする。そして、米に含まれるデンプンを糖類に変えるために、麹菌《こうじ》を使う。麹菌を入れないで酵母をいきなり入れても、酒はできない。なぜならば、酵母はデンプンを分解できないからである。デンプンが分解されたあとで酵母を加えれば、麹菌が作った糖が発酵によってアルコールに変わる。酵母がアルコール発酵をするためには、酸素を必要としない。

これに対して、カカオ発酵や伝統的なワイン発酵では、あらかじめ特定の菌を加えることはしないで、ブドウやカカオ豆の周囲に生息するさまざまな種類の微生物をそのまま使う。その意味では、カカオ発酵とワイン発酵はよく似ている。

ワインの発酵では、ブドウの果汁を実から外に出すことで、ブドウの果実にとりついている野生酵母が働いて、糖分を含むブドウ果汁から自然に発酵が始まる（図4・4）。カカオの場合も、ポッドから取り出したあとで、自然の状態で発酵が進む。日本酒のように乳酸を加えなくてもよい理由は、リンゴ酸やクエン酸のためにブドウ果汁やカカオパルプが酸性となっていて、腐敗菌の増殖が

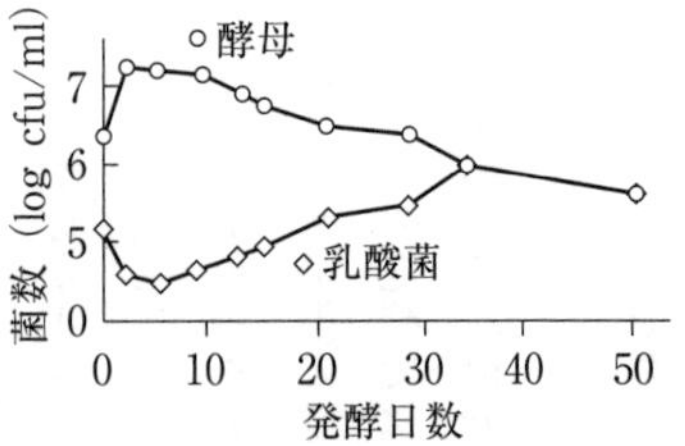

図 4.4　ワイン発酵における主要な微生物の菌数

抑えられるためである。糖類をアルコールに変える酵母は、酸性でも生きられるのである。

以上をまとめると、日本酒の場合は、①米を蒸しただけで放置すると、周りの微生物の働きで腐敗するので乳酸を加えて酸性にする、②その後で麹菌を加えてデンプンを分解して糖分に変える、③その後で酵母を入れてアルコールを作る、という手順をとる。一方、ワインとカカオの発酵の場合は、最初から酸性になっているので、いきなり酵母が働いて発酵が始まるのである。

しかし、似通っているとはいえ、カカオ発酵とワイン発酵には決定的な違いがある。そもそも、発酵の目的が異なる。また、ワインはブドウ果汁を発酵させるだけであるが、カカオの場合には、まったく異なる成分を含むカカオパルプとカカオ豆の発酵が同時に進んで、複雑に絡み合う。さらにカカオでは、発酵の途中で空気が混じる。このような違いのために、発酵の途中で働く微生物の種類とその時間変化が、ワインとカカオで異なっている（図4・5）。

カカオ豆の発酵の目的と特徴

チョコレートの原料としてカカオ豆を発酵させる第一の目的は、発酵によって豆の中にチョコレ

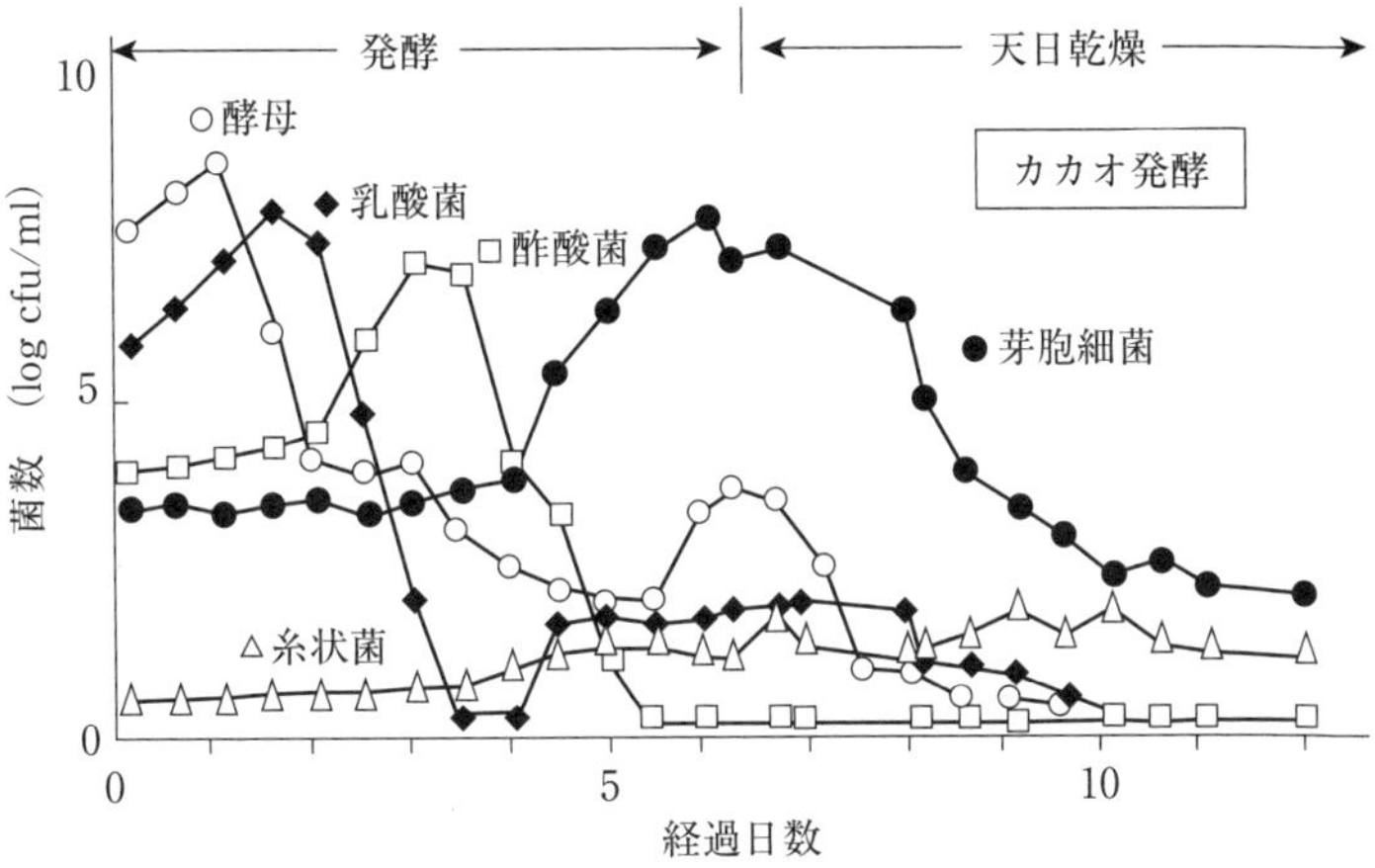

図 4.5　カカオ発酵における主要な微生物の菌数

ートの香味物質の前駆体を作ると同時に、カカオ豆の渋みと苦味を低減することである。ここにいう「前駆体」とは、それ自体がチョコレートの香りとなっているのではなく、焙炒の工程で生まれる数百種類以上の香り成分の出発材料のことである。焙炒については次の章で説明するが、発酵によってカカオ豆の中で前駆体ができてはじめて、焙炒で起こるさまざまな化学反応によりたくさんの香り成分ができあがる。

もちろんこのようなことは、最近になってチョコレートの香味成分の発生とカカオの発酵過程の密接な関係について、現代のサイエンスで解き明かすことによって初めて理解されるようになった。ところが驚くべきことに、古代メソアメリカの人々は、経験からそのような知識を得て、自然発酵によってカカオ豆から香り高いチョコレート飲料を作り出した。そのきっかけが、カカオパルプの発酵によるカカオ酒の製造から生まれたことは、すでに述べたとおりである。

カカオ豆を発酵させる次の目的は、豆を死滅させて発芽させないことである。もしカカオ豆が発芽すれば、幼苗の生長のためにココアバターが消費されるだけでなく、豆の中のタンパク質やアミノ酸も消失してしまう。そのあとで発酵したら、香り成分の前駆体ができない。しかし、発酵により発生する熱のために、三日後には豆の温度が約五〇℃に上昇することと、発酵で生じた有機酸の作用によって、カカオ豆は発芽能力を失う。さらに、酢酸発酵によって生まれた酢酸がカカオ豆に浸透してきて、豆の中の細胞組織を破壊する。そのために、細胞の中からさまざまな成分が溶け出し、外からも入ってくる。これらの変化が、チョコレートの香味物質の前駆体を作るうえで重要となってくる。

さまざまなカカオ発酵の方法

カカオ発酵の方法は、産地や地域によって大きく異なる。単純にバナナの葉の上にカカオ豆を三角錐状に積み上げ、さらにバナナの葉でくるんで発酵する方法は「ヒープ法」と呼ばれ、ガーナ等でよく見られる。また、バナナの葉を敷いたバスケットにカカオ豆を入れる方法（バスケット法）や、木箱にカカオ豆を入れてバナナの葉で上部の表面を覆う方法（ボックス法）などがある。また、規模の大きなプランテーションでは「連続ボックス法」と呼ばれる発酵法が用いられる（図4・6）。それは、雛壇状に設置された複数のボックスから構成され、発酵初期に一番上の箱にカカオ豆を投入し、次に、下の箱にカカオ豆を落として移す方法で、これを順次繰り返す。箱を移し替える時に、その中のカカオ豆が反転するので空気が注入されるとともに、豆全体が撹拌されて均一な発酵となる。

発酵時間は通常四～七日程度であるが、これも産地・地域によって大きく異なる。発酵中にカカオ豆を撹拌することもあるが、全く撹拌しない場合もある。なお、カカオ発酵にバナナの葉が利用される理由は、アグロフォレストリーで述べたように、カカオ農園には大抵バナナも植えられており、容易に入手できるためである。

ほとんどの場合、これらの発酵作業は機械ではなく、人の手で行われる。常夏の湿気の多い農園で、発酵で生まれる有機酸の凄まじい匂いをまともに嗅ぎながら、発酵中のカカオ豆をひっくり返す過酷な作業によって、芳醇なカカオの香りの元が生まれるのである。

図 4.6　連続ボックス法

カカオ発酵のダイナミクス

さまざまな微生物の働きで、カカオパルプとカカオ豆の複雑な発酵過程が進行する様子を図4・7に示す。

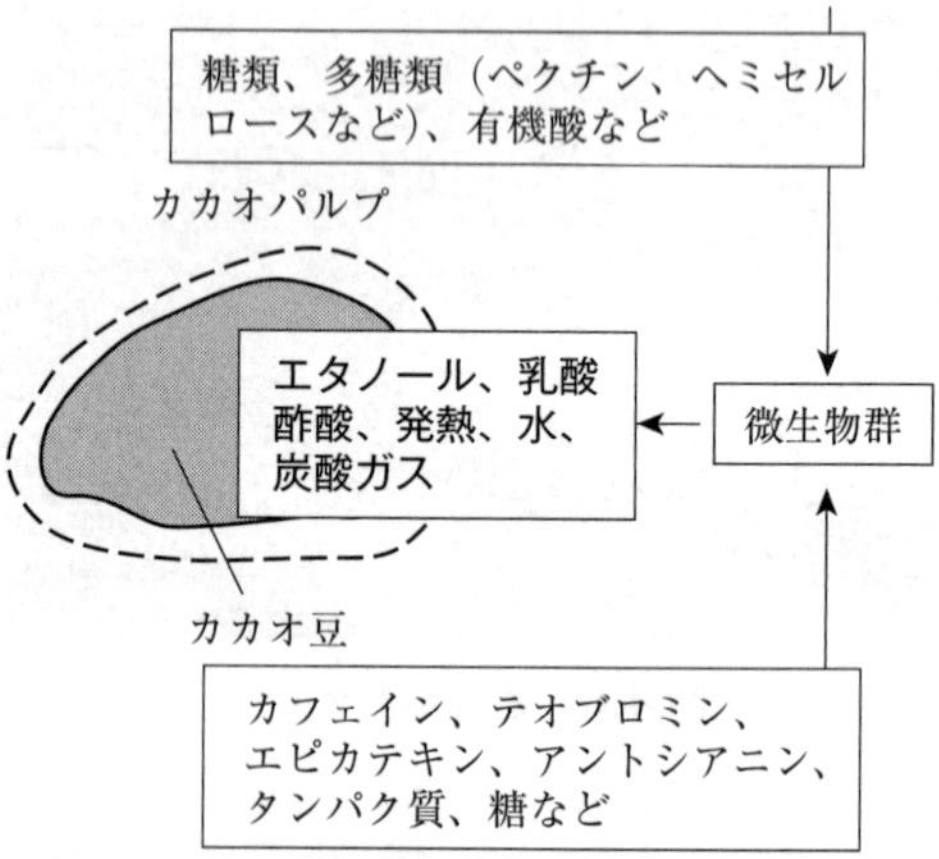

図 4.7　カカオパルプとカカオ豆の発酵のしくみ

カカオ発酵が進行する間に、豆の温度とpHはゆっくりと変化する。温度は周囲の気温（約三〇℃）から上昇して、三〜四日後には約五〇℃になる。pHは、最初の三・五〜三・八から次第に上昇して、四〜五日後には四・〇〜四・三になるが、依然として酸性である。また、カカオパルプ中の糖分は、酵母による働きでアルコールに変わって、二日後にはほぼ消滅する。カカオパルプから作る「カカオ酒」は、この段階でできあがる。ワイン発酵でもカカオ発酵でも、最初の段階で働く菌が酵母である。カカオ発酵では、三十種類の酵母が見つかっている。

ワインの場合、原料のブドウには野生の酵母、乳酸菌、酢酸菌などの微生物がついている。低いpHと、仕込み時に添加される亜硫酸塩で野生微生物の成育は阻害されるが、ワイン酵母（現在では多くの場合、市販のワイン酵母が添加される）の働きは阻害されない。さらにアルコール発酵が開始すると、アルコールと酵母から出てくる脂肪酸によって、野生微生物の数は減少する。アルコール発酵の後期から終了後には、生き残っていた乳酸菌が、酵母から出てくるビタミン、アミノ酸、ペプチドによって増殖する。

これに対してカカオ発酵は、最初にカカオ豆の外側のカカオパルプから進行する。発酵の初期には、豊富に存在する粘っこいカカオパルプによって豆と豆の間が埋められているため、空気が入りにくい。そのため発酵箱の内側では、酸素のない嫌気的発酵が優先するので、酵母が活発に活動する。酵母がアルコールを作るのは、この段階である。エタノール発酵のために温度とpHが上昇すると、乳酸発酵が起きやすい条件となる。

さらに、カカオパルプの粘り気の原因物質であるペクチンが酵母により分解されると、パルプがずり落ちて豆と豆の間に隙間ができて、空気が入ってくる。ペクチンは、ミカンの皮などに多く含まれていて、砂糖と一緒に煮てジャムにするときに粘り気を生む物質である。さらに人の手で撹拌して空気を入れると、酢酸菌が働きはじめる。

酢酸菌は好気的条件でしか働かないが、エタノールから酢酸を作り、さらに二酸化炭素と水を作る。ここでできる酢酸がカカオ豆にしみこむと、豆の細胞組織が壊れる。酢酸発酵の反応は大きな発熱過程であり、カカオ豆の温度を五〇℃、またはそれ以上に上昇させる。酢酸菌の代謝物と高温により、カカオ豆の胚乳中のタンパク質の加水分解や拡散が生じる。さらに酸素が多くなると、酵母はエタノールを作る働きを失い、エタノールの濃度は減少する。

発酵がさらに進むと、カカオパルプへ空気がたくさん入り込んで、pHが上昇して酸性条件が弱くなる。温度が約四五℃まで上がると、好気的な芽胞形成細菌が出現する。そうなると、カカオ豆の異臭の原因となる成分ができてくる。

以上に述べた発酵の過程で、カカオ豆の胚乳中の貯蔵細胞にあるタンパク質が放出されて酵素反応を起こし、糖や酸が生じてチョコレート香味の前駆体になるのである。

このほかにも、発酵過程では多くの重要な反応が生じる。たとえば、タンパク質やアミノ酸はポリフェノールと反応して、カカオの豆が茶色に変色する（図4・8）。この時点でようやくカカオ豆は白色や紫色からチョコレート色に近づくが、完全なチョコレート色になるのは、焙炒を終えてからである。さらに、糖とタンパク質の反応によって別の種類の香味の前駆体が生じる。特に重要な点は、発酵中に多くのタンパク質が分解され、ペプチドやアミノ酸が生じることである。

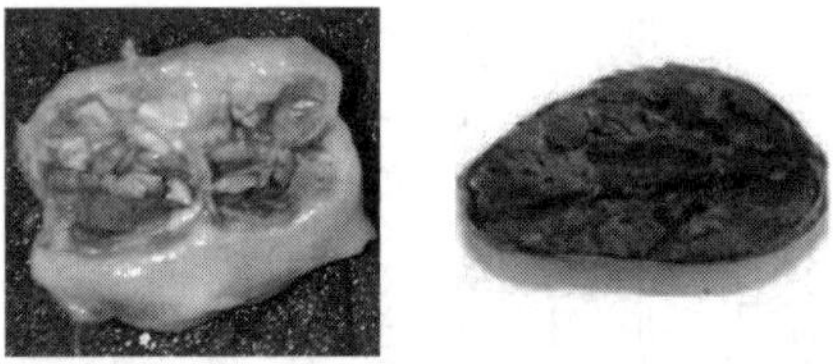

図 4.8　カカオ豆の色の変化（ポッドから取り出した直後（左）と発酵終了後（右））

その他にカカオ豆発酵中に出現する微生物として、糸状菌がある。糸状菌は、空気が多く入った部分や乾燥する過程で多く見出されるが、パルプやカカオ外皮を分解して酸や異臭を生じる。これらも、チョコレート香味前駆体として重要である。

このような微生物によって行われるカカオ発酵は、①微生物の種類とその消長、②発酵方法や一度に処理するカカオ豆の量、③撹拌とその頻度、④発酵時間、に影響される。その他に、発酵箱の置かれる環境（日向、日陰、外気温や湿度）もある。良い品質のカカオ豆を作るためには、日本酒やワインのように、カカオの品種や産地に応じた最適な発酵条件を探すべきであるが、実際のカカオ発酵は極めて大きなバラツキの中で行われている。それは、バラツキというよりもデタラメと表現したほうが正しい。同じ産地の同じ地域でも、隣同士の農家が全く異なる方法と条件で発酵している例は珍しくない。

熱帯雨林地域の農家にとって、発酵に関与する微生物を制御することは不可能に近い。しかし、カカオの発酵条件を最適化することによって、均一で高品質なカカオ豆に仕上げることは極めて重要である。現在、世界中のチョコレートメーカーが、カカオ豆の生産量の確保だけでなく、均質な発酵条件を確保することも含めて、しのぎを削っているのである。

4.3　カカオ豆の乾燥

発酵を終えたカカオ豆は、水分が八％程度となるまで乾燥しなければならない（図4・9）。乾燥が不十分であれば、チョコレート工場へ輸送する途中などでカビが発生する。カビの発生したカカオ豆は、異臭がでるのでチョコレート製造には使用できない。一方で、乾燥しすぎるとカカオ豆が割れやすくなり、その後の輸送やチョコレート工場での処理に問題を生じる。

乾燥の最も一般的な方法は、天日乾燥である。それは、発酵の終わったカカオ豆をマットの上に広げ、天日に晒すことによって行われる。中南米などではトレーを用いた方法がよく見られる。ト

図 **4.9**　天日乾燥台（上）と人工乾燥機（下）

レーとは数メートル四方の大きさの木製の浅い箱で、車輪がついており、その上に屋根をつける。トレーの上に広げられたカカオ豆は、昼間は屋根から引き出されて天日に当てられ、夜間や、急に雨が降った時には屋根の下に格納される。

乾燥で重要な点は、乾燥初期にも発酵が続いていることである。したがって、乾燥が遅いと発酵が進みすぎる。一方、乾燥が早すぎると豆の外側のみだけが乾燥して、内部に水分が残ってしまう。そうなると、発酵で生じた酢酸の蒸散が抑えられ、酸味の強いカカオ豆となってしまう。そのような理由で、天日乾燥が最もよい。

天日乾燥における大きな問題は、急な悪天候である。これは零細農家にとってはどうしようもない問題で、普通は発酵する時間を延ばさざるを得ない。ところが悪天候が数日も続くと、乾燥できないカカオ豆は発酵箱の中でカビたり腐ったりしてしまう。農民にとってかけがえのない換金作物であるカカオ豆は「お金」と同じなので、たとえ腐ったとしても捨てるには忍びない。このようなカカオは、場合によったら、捨てないで正常なカカオ豆と混ぜられたりするのである。

悪天候でも乾燥できるように、大規模のプランテーションでは人工乾燥が行われる。木や燃料を燃やして熱風を発生させ、カカオ豆を乾燥させるのである。この場合の問題点は、乾燥速度が速すぎることと、燃焼ガスの匂いがカカオ豆に吸着しやすいことである。木を燃やしたときには「煙臭」、重油を燃料とした場合には「石油臭」がカカオ豆に吸着される可能性がある。そうなるとチョコレートの品質が大きく損なわれる。

4.4 「チョコレートの南北問題」

カカオ豆は、全世界で年間約三五五万トン生産されている。正確な統計は存在しないが、カカオ豆を生産する農家の数は数百万と言われる。つまり、平均すると一軒の農家の生産量は年間一トンに満たない。このような零細な農家が世界のチョコレート産業を支えているが、チョコレートの香味に最も重要な影響を及ぼす発酵や乾燥は、これらの零細農家の手に委ねられているのである。

すでに見たように、発酵条件には無限の組み合わせが考えられる。言い換えれば、世界のカカオ豆は数百万通りの発酵・乾燥方法で作られているということになる。したがって、得られるカカオ豆の品質は文字通り千差万別であり、ユーザーは目的に合ったカカオ豆を調達することに奔走しなければならない。しかし考えてみれば、このような零細農家の作るカカオ豆が集まってできたチョコレートが、おしなべて「おいしい」ということは奇跡にも近い。これも、たくさんの「カカオの不思議」の一つである。

酒や味噌、醤油、納豆、チーズやヨーグルト、さらには微生物を使った抗生物質の生産に至るまで、発酵過程を現代のサイエンスによって詳しく解明することによって、発酵製品の大規模な工業化が行われてきた。それらに比べると、カカオ発酵に関する研究は大きく立ち遅れている。一番の原因は、熱帯雨林という環境でしかカカオが育たないためであろう。一部のカカオ生産国の研究機関では行われているものの、熱帯雨林という過酷な場所において、ポッドからカカオ豆が取り出された瞬間に始まる発酵の詳細な解析を行うことは容易ではない。このような状況は、「チョコレートの南北問題」がもたらす課題の一つである。

ここで、「チョコレートの南北問題」について考えたい。カカオ豆の生産者は熱帯の人々であり、消費者は温帯に住む人々である。今から百五十年ほど前に、温帯であるヨーロッパで「食べるチョコレート」が発明されたが、「チョコレート」の形でカカオの利用が普及した現在では、生産者と消費者が完全に分断されている。

その第一の理由は、チョコレートは熱帯では必ず融けてしまうので成立しない食品だからである。すでに述べたように、チョコレートを固めているココアバターはカカオ豆の発芽のエネルギー源であり、ココアバターが固まったら、豆は発芽しない。つまり、カカオの生育する環境においてココアバターは固まってはならないのである。それに加えて、ほとんどが開発途上国である生産地の価格水準からみれば、温帯の先進国でできるチョコレートには、とても手が出ない。

このように、カカオ生産者とチョコレート消費者が分断されている状況を、我々は「チョコレートの南北問題」と呼んでいる。これがもたらす大きな問題の一つは、生産者は消費者の要求が理解できないということであり、逆も同様である。たとえば、生産者はカカオの病害耐性や生産性を最も重要だと考えるが、チョコレートの品質は二の次になりがちである。一方で、消費者側は品質とコストにしか注目しないので、生産者の苦渋はほとんど眼中にない。

もともとは、カカオは生産者の食べ物（飲み物）であった。農民の作ったカカオは、農民自身によって飲料として利用されていた。現在でも、中央アメリカの一部では、昔ながらのカカオ飲料を飲む習慣が残っている。しかしそれはごく例外であり、世界のカカオ産業はこの南北問題に悩まされている。それどころか、生産者と消費者との間の溝は深まるばかりである。このような断裂が、カカオ産業における児童労働問題や、カカオ産業と無関係な投資家による、カカオ相場の乱高下などに対する批判を生んでいる。

カカオのもたらすおいしい味覚を、生産者と消費者がともに享受できる環境を作ることは簡単ではない。しかし、この問題解決を生産者側に求めることはできない。まずは、温帯に居住してチョコレートを楽しんでいる我々消費者が、生産者側へ寄り添うことが問題解決への道であると考える。

次に、焙炒によって香り高いチョコレートができる仕組みを考えたい。

（1）J. S. Henderson, *et al.* Proc. Nat. Acad. Sci. 104（2007）18937

第五章　カカオ豆の焙炒と香りの誕生

発酵・乾燥されたカカオ豆は、チョコレートやココアにする前に焙炒（ロースト）されなければならない。焙炒によって初めてチョコレートの香りが生まれるとともに、焦げ茶色の色調が濃くなり、苦味にも深みが増す。

ところで、焙炒と似た操作に焙煎があるが、両者はどう違うのであろうか。チョコレート業界では一般に、「カカオ豆を焙炒する」と言うが、「焙煎する」とは言わない。逆にコーヒー豆は「焙煎する」といわれる。

焙煎とは、文字通り「焙《ほう》じて煎《い》る」ことである。お茶の葉やコーヒー、玄米、大麦、さらに落花生は焙煎してから食する。一方、焙炒とは「焙《ほう》じて炒《いた》める」ことで、カカオ豆がその代表である。最近は、「焙炒日本酒」や「焙炒麦味噌」などといった製品も売られている。焙炒と焙煎の厳密な定義について我々に確たる自信はないが、焙煎では煙が立ちのぼって焦げるまで煎るので、熱による化学反応の程度が焙炒に比べて著しい。

カカオ豆を焙炒する最大の目的は、発酵で生じた香味前駆物質からチョコレートの香りを生み出すことである。チョコレートのおいしさに及ぼす独特な香りの役割は、他の食べ物に比較して特別に大きい。それは、コーヒーやお茶と同様に、人が嗜好品に求める「香り」の重要性を物語っている。

そこで、食べ物のおいしさに及ぼす「香り」(あるいは「匂い」)の役割を考えてみよう。なお、「匂い」と「香り」の区別であるが、本書では良くも悪くも鼻腔で感じる嗅覚を「匂い」、その中の「良い匂い」を「香り」と呼ぶことにする。したがって、食べ物一般を論じるときには「匂い」、チョコレートでは「香り」を使う。

5.1 食べ物のおいしさと匂い

我々が食べ物をおいしいと感じる要因には、直接的な要因と間接的な要因がある。直接的要因とは食べ物そのものが持っている性質で、化学的性質と物理的性質に分けられる(図5・1)。化学的性質が「味」と「匂い」で、それらは互いに密接に関係している。味には塩味、甘味、酸味、うま味、苦味の基本味に加えて、辛味や渋味などがある。これに対して、匂いには特定できないほど多くの種類がある。ジャスミンの精油には約百五十種類、コーヒーや酒には数百種類の香りの成分があるといわれている。チョコレートについては今でも定説がなく、最近は約七百種類、あるいは約千五百種類もの香り成分があるといわれている。

物理的性質には、食べ物を構成する粒子の大きさなどの「構造」、「液体か固体か」などの「状態」、歯や口蓋《こうがい》、舌からの「外力への応答」、形や色などの「外観」がある。物理的性質の重要性はあまり知られていないが、チョコレートは、化学的性質と物理的性質が密接に関係する良い例である。

一方、間接的な要因としては、年齢や健康状態、空腹状態などの「生理状態」、喜び、悲しみ、怒り、緊張感などの「心理状態」、さらに食情報、食習慣、食文化、過去の体験などの「知識・経験」がある。この要因については、本書の最後に詳しく説明する。

食べ物のおいしさに及ぼす匂いの役割がいかに重要であるかは、説明するまでもないであろう。ご馳走の匂いは消化を促し、逆に、腐った匂いを嗅ぐと食欲が低下し、胃腸の活動も抑えられる。

- 化学的性質
  - 味
  - 匂い
- 物理的性質
  - 構造
  - 状態
  - 外力への応答
  - 外観

図 5.1　食べ物のおいしさを決める直接的要因

そもそも動物にとって、匂いや、それを感じる嗅覚の持つ意味は極めて大きい。動物が外界からの情報を得る手段は、視覚、聴覚、触覚、そして嗅覚である。この中で、嗅覚は仲間や異性の認識に使い、食べ物の探索や腐敗、中毒の感知にも嗅覚を使う。しかし進化の過程で、ヒトにおける嗅覚の果たす役割は、他の動物に比べて退化した。たとえば、ヒトの嗅覚は犬より百万倍も退化したといわれる。

それでも原始時代には、ヒトも狩猟や夜間に敵から逃げるために嗅覚を利用した。しかし、農耕生活を始めるようになって生活が安定してからは、食べ物のおいしさとしての匂いを楽しんだり、祈禱《きとう》や占いにおける神秘性の高揚に香りを利用してきた。さらには、最近の「アロマコロジー」や「アロマテラピー」のように、嗅覚刺激による香りの生理的・心理的効果を科学的に解明する学問領域も生まれている。チョコレートでもこれらの効果が報告されているが、それは最後に簡単に触れたい。

5.2 匂いの感じ方

ヒトが匂いを感じるのは、鼻腔の一番奥の上部にある嗅上皮と呼ばれる部分である（図5・2）。嗅上皮とは、鼻腔の上部にある親指ほどの大きさの皮膚の特別な領域で、そこには匂い物質を感知する嗅細胞の突起（繊毛）がある。この繊毛は二千万本もあり、粘膜に覆われている。ここに吸着した匂い物質が粘膜に溶け込んで嗅覚細胞を刺激すると、匂いの情報が神経細胞を通して脳に伝達される。脳では終脳の先端に位置する嗅球が嗅神経の入力を受けて、嗅覚情報の処理に関わっている。

食べ物が口に入らない段階では、その匂い成分は鼻腔を通して嗅覚の受容器に到達する。しかし食べ物が口に入ってからは、その匂いに加えて、咀嚼《そしゃく》された食べ物の匂いが咽頭を経て鼻腔に入り、嗅覚神経を刺激する。したがって、食べ物の匂いの感じ方には、鼻孔から直接鼻腔を通る経路

（図5・2A）と、口の中から後鼻道を通る経路（図5・2B）がある。それぞれの専門用語として「前鼻腔嗅覚」と「後鼻腔嗅覚」があるが、ここでは「たち香」と「口中香」を使うことにする。

簡単に考えると、最初に食べ物を嗅いだときに、鼻孔から嗅上皮に入ってくるたち香が、食べ物の匂いと思える。しかし実際には、口中香のほうが匂いとしては強く感じるし、むしろ食べ物の本当の匂いは口中香である。

その理由は、食べ物が咀嚼されて細かく砕かれることによって表面積が増すので、揮発する匂い物質の量が増えることと、食べ物を咀嚼する段階で、物理的な状態変化と唾液中の酵素による化学反応が起こるためである。口中香が生まれるには、口の中で食べ物がある程度咀嚼されなければならず、そのためには少し時間が必要である。したがって、しばしばテレビの料理番組で、タレントが食べ物を口に入れた直後に「おいしい」というのは、眉唾物なのである。

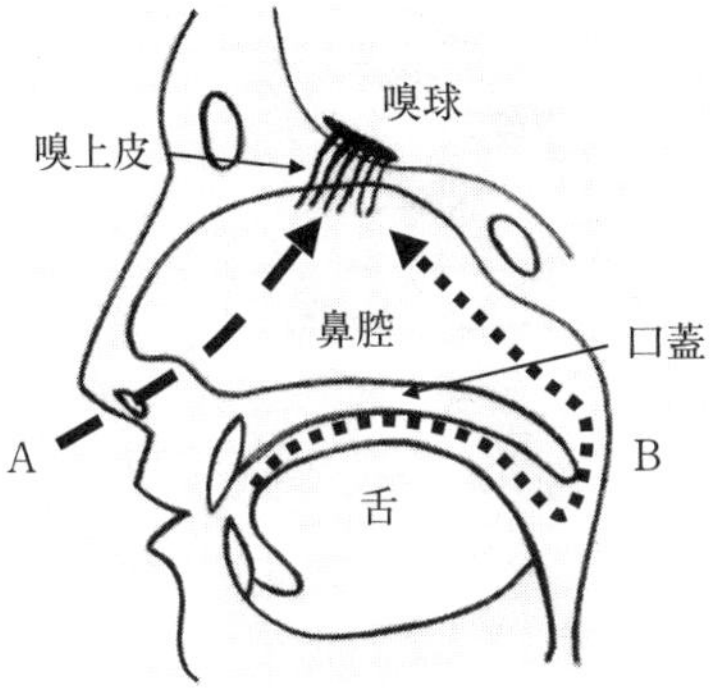

図 5.2　鼻腔と匂いの経路（鼻腔の内部は複雑な構造となっているが、簡略化してある）

チョコレートの香りはおいしさにとって決定的で、しかも食べている間に香りの中身が大きく変化する。口に入れた後で、固まったココアバターからできているチョコレート特有の反応が速やかに生じるので、香りが関与するおいしさのダイナミックな変化が起こるのである。この点は非常に重要で、実際に感じるチョコレートの香りは、香り成分の数と濃度だけでなく、香り成分の種類や食べた時の口中の温度などによって大きく変わる。

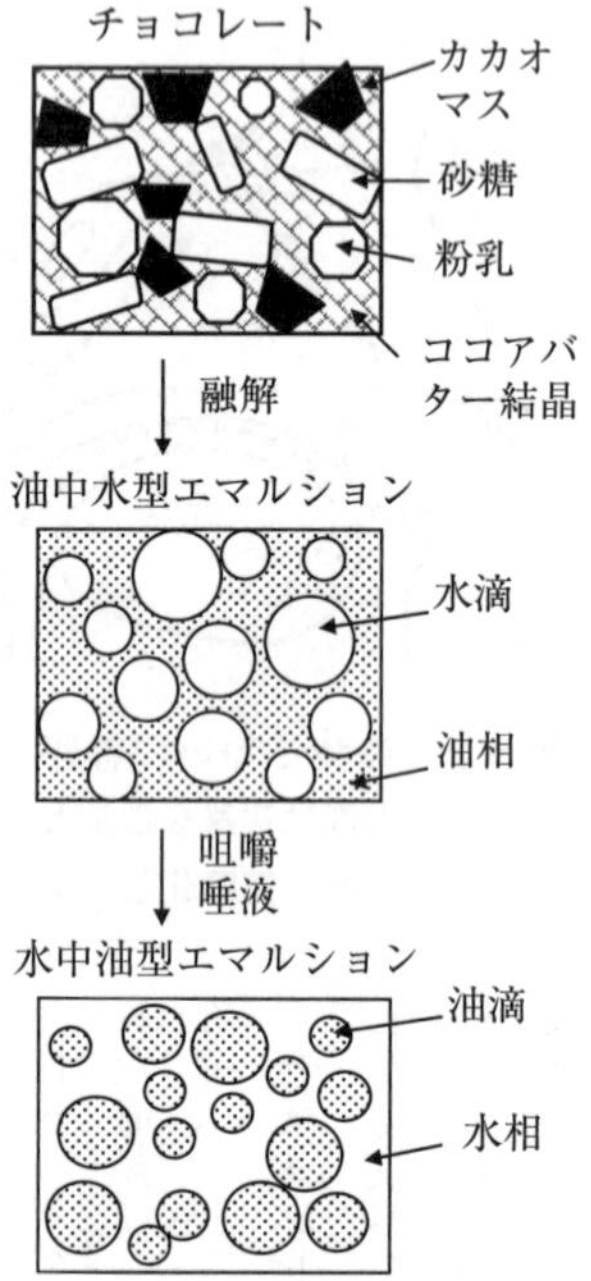

図 5.3 ミルクチョコレートの口中での状態変化

チョコレートを食べる前は、砂糖やミルク（粉乳）、カカオマスの粒子の周りを油である固まったココアバターが覆っている。したがって、チョコレートのたち香は、ココアバターから揮発してくる油性（脂溶性）の香り成分である。チョコレートを口に入れた直後では、固まっていたココアバターが体温で急速に溶けて液体油になるが、分泌する唾液が不十分なので、水分が油の中に閉じ込められた状態となっている（図5・3）。これを、油中水型エマルションという。この状態で揮発する主な香り成分は、依然として脂溶性の成分である。

しかし、唾液が増えて舌と口蓋の動きでかき混ぜられると、水分と油分が混ざり合う関係が逆転して、水中油型エマルションになる。この変化を「転相」という。ミルクチョコレートの場合は、水中油型エマルションになった時に、粉乳が水に溶け出して水溶性の香り成分の揮発が始まる。すなわち、ミルクチョコレートの口中香は、口に入れた直後にはミルクの香りは出なくてカカオの香りが強いが、口の中で味わっている間にミルクの香りとなるのである。つまり、チョコレートの種類により、おいしさの時間変化が異なることになる。

たとえば、固まったココアバターが全体を包み込む通常のチョコレートと、水中油型エマルション状態のチョコレート、すなわちガナッシュ（生チョコ）では、口の中での状態変化が全く異なるので、香りの感じ方が異なってくる。したがって、ガナッシュを作るのに適したチョコレートは、必ずしも通常のチョコレート状態で食べた場合においしいものとは限らず、その逆も同様である。また、有名なシェフが活躍して、繊細な味のチョコレートづくりに腕を振るうのは、水中油型エマルション状態のチョコレートである。それは、水中油型エマルション中の油滴が水相に散らばる状態を利用して風味を微妙に変化させることができるからで、そこがシェフの腕の見せ所である。

チョコレートはまた、不快な臭気（異臭）を吸着しやすい性質がある。たとえば、開封したチョコレートを冷蔵庫に長く保管すると、冷蔵庫の嫌な匂いがチョコレートに吸着されてしまう。不快な匂いも含めて、匂い物質の約八〇％が脂溶性の性質をもっているために、外側が油になっているチョコレートの中にしみこみやすいのである。したがって、いったん開封したチョコレートはなるべく早く食べきるのが望ましい。

5.3　カカオ豆の焙炒

カカオ豆を焙炒して食べるやり方が、いつどのように発見されたかはわからない。おそらく、今から三千年以上も前にカカオパルプからカカオ酒を作っていた人々が、それまで捨てていた発酵ずみのカカオ豆を火にかざしたら、おいしい香味が生まれることに気づいたのであろう。

かつての中南米の原産地では、カカオ豆の焙炒は、薪を燃やして加熱した陶製の皿（コマル）や壷で行われていた（図5・4）。

図5.4　メキシコ南部、ソコヌスコの農家の台所でのカカオ豆の焙炒

メキシコの農家で焙炒を実演してもらったときに、人々は「炎を皿に当てては絶対にだめだ」と、しきりに強調していた。薪を燃やして炎を落としたあとの「オキ火」が良いのだと言う。皿に薪の炎を直接当てると温度が上がりすぎて、豆の内部が焙炒される前に外側が焦げてしまうためであろう。

焙炒を終えると、冷ましながらコマルからカカオ豆を手にとって、両手で上手に豆をこすってカカオ豆の外皮（シェル）とニブ（カカオ豆からシェルを取り除いた胚乳部分）とを選り分ける（図5・5）。息を吹きかけてシェルを飛ばし、残ったニブだけを磨砕して、焙炒したトウモロコシの粉末と混ぜて冷たい

図 5.5　焙炒したあとのカカオ豆（上）とシェル（左）およびニブ（右）

水に溶かして飲むのである。

なお、ここではいろいろな言葉が出てくるので、表5・1に整理しておく。

実は、メキシコの農民が日頃行っている焙炒とシェルの飛ばし方の原理は、現代のチョコレート工場の焙炒工程のバッチ法と基本的に変わらない。

近代のチョコレート工場におけるカカオ豆の焙炒方法には、いくつかの方式がある。豆での焙炒、ニブでの焙炒、ニブをすりつぶして得られたカカオマスでの焙炒などである。ここではカカオ豆とニブの焙炒について述べる。

カカオ豆を焙炒する場合の温度、時間、加熱空気の流速などは、豆の産地、豆の大きさや水分、求める香り成分の品質によって決められる。カカオ豆の大きさは、カカオの木の品種や生産地の気象条件、ポッドの収穫時期などに影響を受けるが、カカオ豆の大きさが異なると均一に焙炒できない。なぜならば、平均的な大きさの豆を

表5.1　言葉の説明

カカオニブ	カカオ豆の胚乳部分（食用部分）
カカオマス	カカオニブを磨砕し融かした液体
ココアバター	カカオマス中の油脂
ココアパウダー（ココア粉末）	カカオマスからココアバターの一部を搾り出した残りの粉末
カカオマス粒子	カカオマス中のココアバター以外の微粒子の総称

基準に焙炒条件を設定すると、小さな豆では焙炒しすぎとなり、逆に大きな豆では焙炒不足となるからである。したがって、より良い焙炒のためにはカカオ豆の大きさを揃えるのがよいが、実際にはさまざまな大きさの豆が混ざっている状況で焙炒することが多い。

焙炒の方式としては、バッチ法と連続法の二つがある。伝統的なバッチ法は、回転するドラムにカカオ豆を投入し外側から火で加熱するもので（シロッコロースター）、現在でも小規模なチョコレートメーカーで使用されている。一方、大規模な処理では連続法が用いられる（図5・6）。ここでは、重力によってカカオ豆が上から下へ移動する際に、加熱空気が下から上へ吹き込まれる。焙炒の終わったカカオ豆は、過焙炒（アフターロースト）を避けるために冷却される。冷却の終わったカカオ豆はシェルを取り除き、焙炒されたニブを得る。このニブを磨砕することで液状のカカオマスとなり、それがチョコレートの原料となる。

カカオ豆の焙炒温度は、最終到達温度が一二〇～一五〇℃で、焙炒時間は数十分を要する。このような熱風を用いた焙炒では、カカオの香りが飛散しやすいという欠点がある。また、チョコレートには使わないシェルも一緒に加熱するので、余分な熱エネルギーを使うことになる。さらには、ニブの中に存在するココアバターの一部が焙炒によってシェルに移行するため、ココアバターの量がわずかに減少してしまう。このように、カカオ豆を焙炒する方法には、豆の大きさのばらつきのために生じる焙炒のばらつき、香りの飛散、非効率な熱エネルギー、ココアバターのロスなどの欠点があるため、現在ではニブ焙炒法が広く用いられている。ニブの焙炒には、図5・6の装置をニブ仕様にしたものや、ドラム式の装置が用いられる。

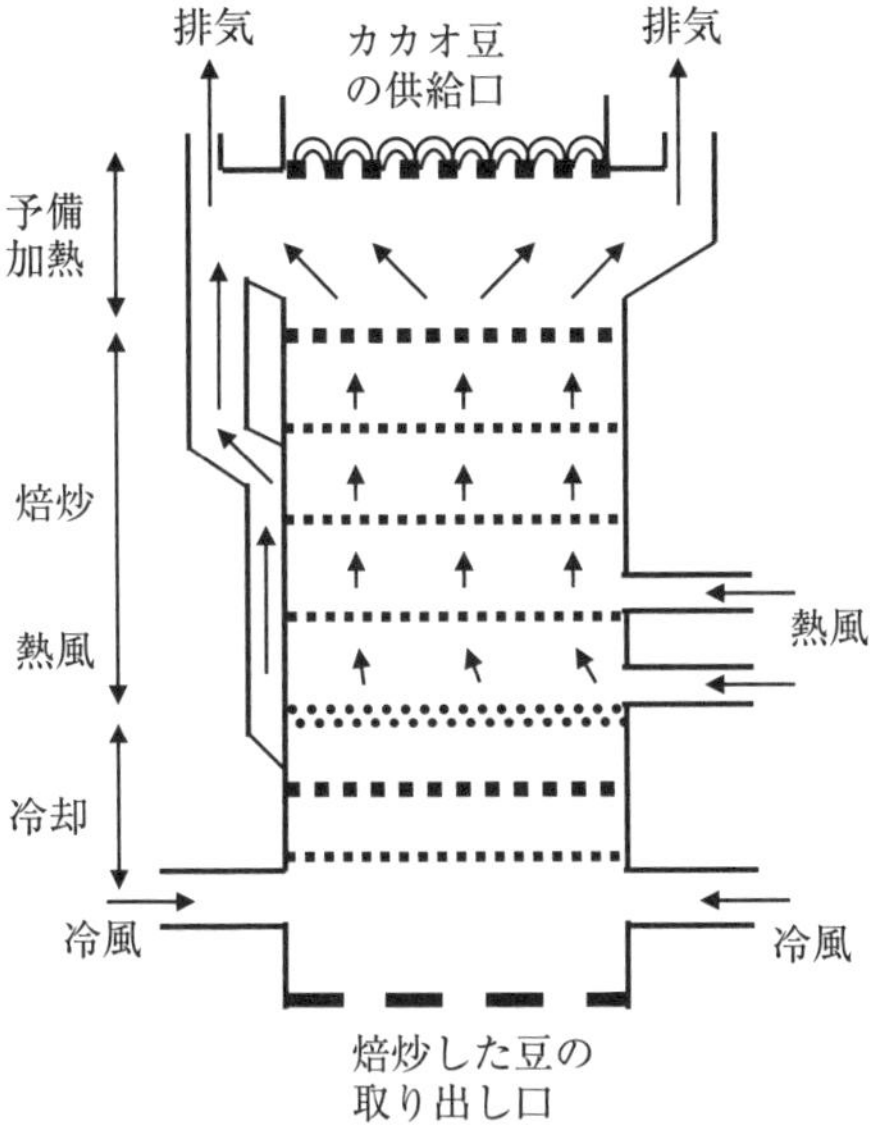

図 5.6　工業的なカカオ豆の焙炒装置の模式図（矢印は空気の流れ）

ニブ焙炒法は、発酵・乾燥したカカオ豆からシェルを取り除いて得られるニブの状態で焙炒するものである。ニブは、カカオ豆の中の細胞がある大きさで塊となった胚乳部分なので、豆を粉砕すると数ミリの大きさの粒となる。これを回転ドラムに投入し、ドラムの外側から加熱して焙炒する。ニブのサイズは完全には均一でないため、この方法でも一粒一粒のニブがすべて最適な条件で焙炒されるとは限らないが、カカオ豆を焙炒するときに生まれるいくつかの問題点は解決できる。

5.4　香りの前駆体

焙炒によって生成するチョコレートの香り成分の前駆体が、カカオ豆の発酵によって生じることは既に述べた。どの前駆体がチョコレートのどの香り成分になるのかについては、まだ完全にはわかっていない。しかし、発酵過程でカカオ豆に含まれる炭水化物が分解してできる還元糖や、タンパク質が分解してできるペプチドやアミノ酸が重要な前駆体であることはわかっている。したがって、発酵しないカカオ豆では還元糖やペプチド、アミノ酸が非常に少ないので、チョコレートの香りが生じない。

焙炒で最も重要で複雑な反応は褐変（メイラード）反応である。これによってカカオニブにチョコレート特有の色や香味が生まれる。

褐変とは、食品が褐色に変化することをいうが、これには酵素的褐変と非酵素的褐変がある。たとえば、リンゴの皮をむいてしばらくすると表面が褐色になるが、これはリンゴ中のポリフェノールが酵素によって酸化する酵素的褐変である。一方、砂糖を熱するとカラメルが作られて褐変するが、これは熱によって生じる化学反応による非酵素的褐変である。

メイラード反応の機構や生成物の性質の解明は、食品の風味や機能性の改善につながる。たとえば、食パンやホットケーキを焼いてできる、おいしそうな焦げ色やご飯の「おこげ」、そしてコーヒーの焙煎やカカオの焙炒である。パンやおこげの焼き色の主役は、メイラード反応でできる褐色物質である。

メイラード反応は加熱によって短時間で進行するが、常温でも長い時間をかけて進行する。加熱による反応では温度に極めて敏感で、同じ化合物の間でも温度が変われば、反応で生じる物質やその性質も変わってくる。たとえば、ブドウ糖とアミノ酸の一種であるロイシンとの反応では、一〇〇℃では甘いチョコレートの香りが生まれるが、一八〇℃ではチーズを焼いた匂いが生まれる。したがって、カカオの焙炒では、温度と焙炒時間の設計と厳密な管理が極めて重要である。

チョコレート様の香りを生成する出発物質としては、ブドウ糖とロイシンのほかにも、ブドウ糖とフェニルアラニン、ブドウ糖とバリンなどがある。しかしこれらの反応から生まれる成分は、いずれも「チョコレート様」ではあっても実際のチョコレートからはかけ離れている。現段階では、試験管の中で糖とアミノ酸だけから出発して、チョコレートの香りを再現することには成功していない。このことは、チョコレート特有の香りを生成する反応には、単純な糖やアミノ酸の組み合わせだけでなく、数多くの糖類やアミノ酸、ペプチドなどが関与していることを示している。

5.5 チョコレートの香り成分

多くの香味前駆物質から、焙炒による複雑な化学反応を経て生まれるかぐわしいチョコレートの香り成分には、ピラジン類、アルデヒド類、エステル類、フェノール化合物が含まれる。果たしてどんな化合物がどれくらい含まれ、それぞれがチョコレートに特有な香りを作る上でどのような役割を果たしているのであろうか。

近年の分析機器の精度向上に伴い、次々と数多くの揮発性の香気成分の存在が明らかにされてきている。図5・7にはカカオマスのGC–MS（ガスクロマトグラフ質量分析計）を用いた分析例を示す。また、表5・2には代表的な五種類の香り物質とその特徴を示すが、もちろんこれだけでチョコレートのあの香りが生まれるわけではない。

図5・7のチャートでは数十のピークしか現れていないが、多くの小さなピークが他の成分に隠され、また分離されずに存在している。このような分析によって、カカオマスに存在している物質の種類と量が明らかにされてきたが、それぞれの物質ごとにヒトが感じる香りにどの程度寄与しているかを正確に測ることは極めて難しい。たとえば、図5・7のチャートの大きなピークは、その物質の濃度が高いことを示すが、それが必ずしも「強い匂い」になるとは限らない。逆に、図のチャートに現れないような小さなピークでも、強烈な匂いを示す場合がある。

このような性質は、鼻腔の嗅上皮にあるヒトの香りセンサーの「閾値《しきい》」と関連し、その香りセン

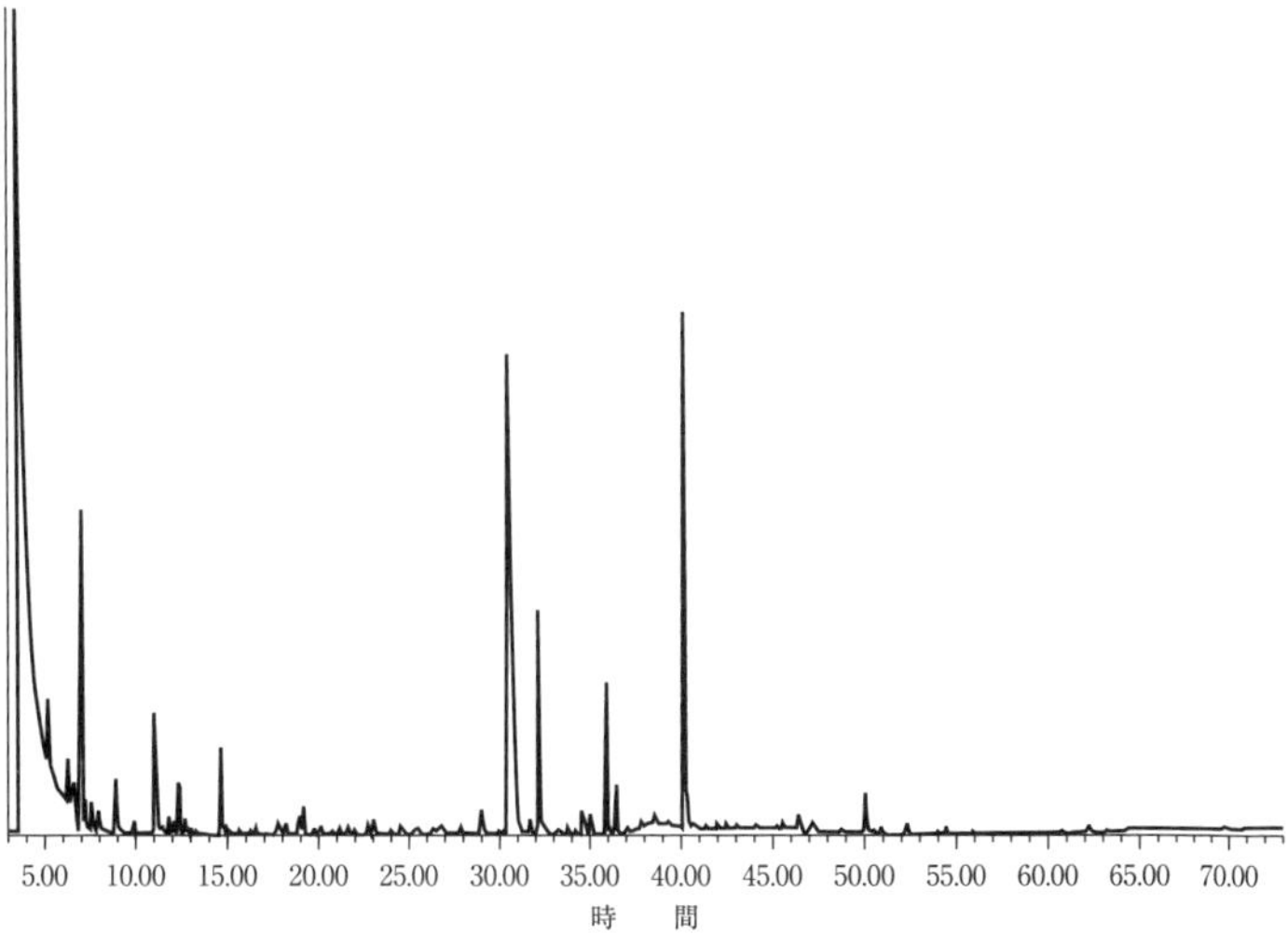

図 5.7　ガスクロマトグラフ質量分析計によるカカオマスの香り成分の分析結果

表 5.2　代表的なチョコレートの香り物質

香り成分の名称	特　徴
2−フェニル−5−メチル−ヘキサノール	カカオ様
2, 5−ジメチルピラジン	ローストしたナッツの香り
2, 6−ジメチルピラジン	ローストしたナッツの香り
フェニルエチルアセテート	蜂蜜様の香り
フェニルアセトアルデヒド	ヒアシンスの香り

サーは、物質ごとにすべて異なる感度を示すのである。千種類を超えるといわれる多くの成分が混在した場合に、どんな香りとしてヒトが認識するかは、これまでほとんど解明されていないので、これからチャレンジすべき問題である。

5.6　チョコレートの香りの生理効果

これまでの話をまとめると、複雑な組成の揮発性成分による香り成分と、ポリフェノールやテオブロミンなどによる渋みと苦味、砂糖の甘み、さらにココアバターの融解による舌触りの滑らかさなどによって、チョコレートのおいしさが決まってくる。繰り返しになるが、これらの中でも香り成分の果たす役割は決定的である。そのため、実際のチョコレートの製品開発においては、カカオ豆の焙炒条件を変えて、生成する香り成分を調整するだけでなく、目標とする風味を出すために、新たな香味物質をブレンドすることも行われる。

また、香りの好みは国民性によって大きく変わる。日本人と他の国の人々との間で香りの好みがいかに異なるかは、香水などで経験ずみである。手前味噌になるが、日本のチョコレートは、デリカシーに富んだ日本人の、おいしさに対するこだわりを詳しく調べて、それにフィットするように風味が設計されているので、最も日本人の好みに合っている。それだけでなく、お菓子とのさまざまな組み合わせを生み出した日本のチョコレート製品は、世界的にも高い評価を得ている。

最後に、チョコレートの香りが我々の体の働きに及ぼす効能について、簡単に触れたい。現在、この問題は、チョコレートが我々の健康に及ぼすプラスの効果の一つとして注目されている。カカオの香りが持つ生理効果についてラットを用いた実験によると、鼻孔へカカオマスの匂いを近づけて刺激を与えると、副腎交感神経活動が上昇することが観察された。つまり、カカオの香りによる匂い刺激が副腎髄質からのアドレナリン分泌を促進し、結果として血圧や血糖を上昇させて元気にする、あるいは覚醒状態にすることが示唆されている。

一方、ラットにミルクチョコレートを食べさせた場合、副腎交感神経活動、褐色脂肪組織交感神経活動、胃副交感（迷走）神経活動をすべて抑制し、ビターチョコレートの場合は、これらすべての神経活動を促進した。褐色脂肪組織交感神経活動の抑制は、体温を低下させる。体温を低下させるものには入眠効果があるので、体温と血圧を低下させるミルクチョコレートは、入眠時に摂取することで効果が期待できる。

欧米のホテルでは、しばしばベッドサイドにチョコレートが置かれているが、チョコレートを食べることで眠りにつきやすいことが経験的に知られているのだろう。

さて、カカオ豆の焙炒まで見てきて、「飲むココア」や「食べるチョコレート」を作る準備は万端整った。歴史的には、少なくとも三千年以上前に中南米の先住民がその瞬間に立ち会い、彼らによってカカオ飲料が最初に生み出された。そこで、最初にカカオに接した中南米の人々が、「神の食べ物」であるカカオをどのように飲んでいたのかを考えたい。

第六章　メソアメリカの人々がカカオを飲む

熱帯雨林で育ったカカオから香り高い飲み物を作ったのは、古代の中南米の人々である。彼らは、二十万年前にアフリカ、サバンナ地帯で誕生した後に地球中に散らばった現生人類の中で、アジアから極寒のシベリアを経てベーリング海峡を越え、さらにアラスカとカナダを南下するという、最も長い旅をした人々であった（図6・1）。

6.1　人類がメソアメリカへ到達

今から十万年前に北東アフリカに移動を始めた人類は、六〜五万年前にアラビア半島の付け根を通ってアジア地域に到達した。そこから北西に移動した人々は、四万年前にヨーロッパ地域に入った。東南に移動してアジアに入り、さらに北東に移動した人々は、三万年前頃にシベリアへ到達した（図6・1）。ちなみに、日本には東南アジアを経て、海伝いに四〜三万年前に到達した。多くの日本人と同じモンゴロイドである人々が、約一万五千年前にシベリアからベーリング海峡を通って

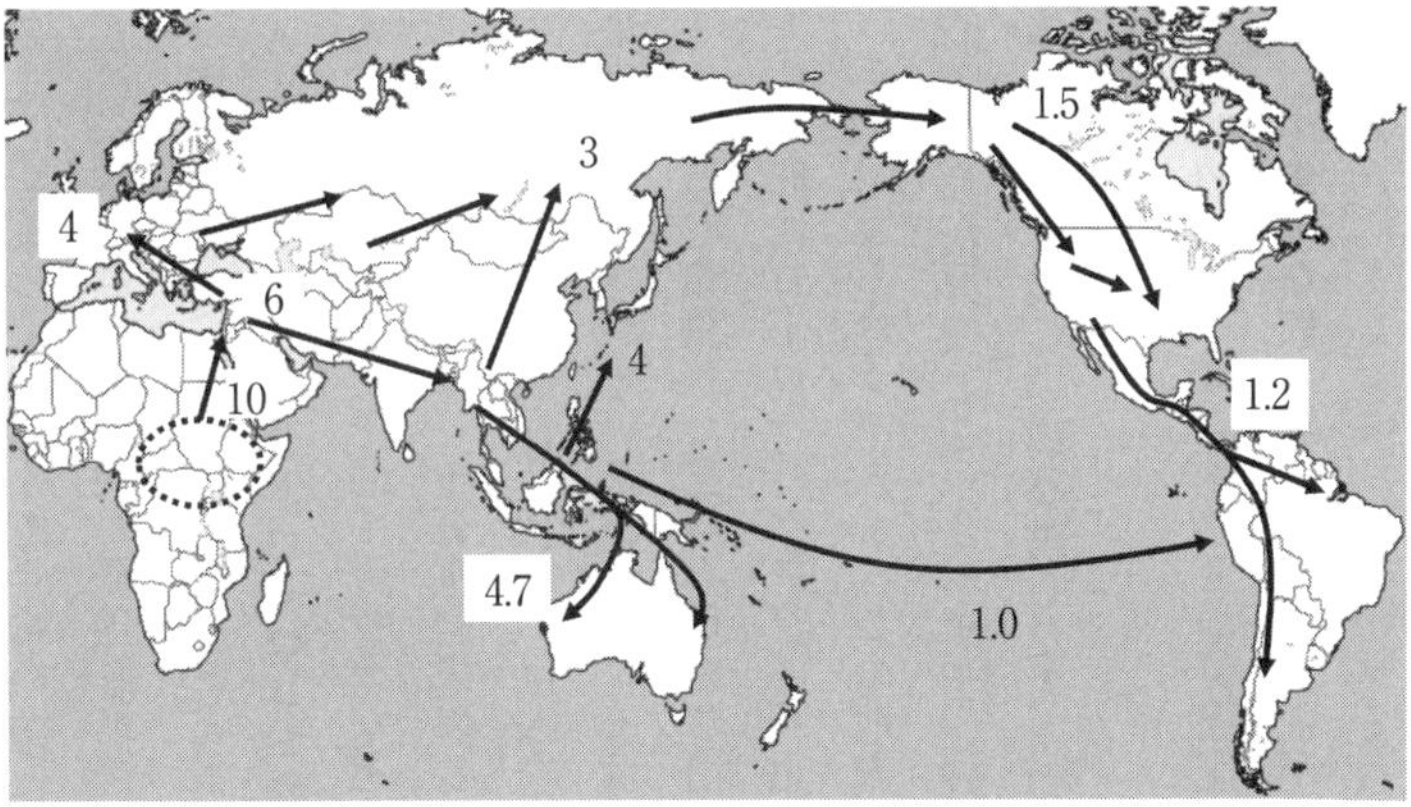

図 6.1　アフリカを出た人類の旅（数字は現在からさかのぼる年代（単位：万年））（「日本人になった祖先たち」篠田謙一、NHK ブックス、2007 を元に作図）

アメリカ大陸に入り、北アメリカの海岸地方と内陸部の二つのルートを経て南下し、一万二千年前頃に中南米にたどり着いた。一方、一万年ほど前に東南アジアから南太平洋の島伝いにやってきた人々もいた。

中南米の熱帯雨林に到達した彼らが、多くの野生の果物や根菜《こんさい》・種子植物を採取し、食用に改良する中で、サルやリスなどがカカオポッドの硬い殻を割って食べることに目をつけ、白くて甘酸っぱいカカオパルプを食べ始めるのに、それほど時間はかからなかったに違いない。

旧大陸の人類は、一万二千年前頃に定住農耕生活を始めた。中南米に移住した人々も、当初は狩猟採集で生活したが、紀元前八千年頃から土器と農業を基盤として定住村落を発達させた。そして、トウモロコシやジャガイモをはじめとするさまざまな野生の種子植物や根菜植物を品種改良することによって、豊かな食料の確保に成功し、多くの人口を養うことができた。その結果として、この地域に高度な文明が発達した。

特筆すべきことは、中南米の先住民によって品種改良された食物の種類が豊富なことである。たとえばジャガイモとトウモロコシに加えて、インゲン豆、落花生、サツマイモ、トマト、カボチャ、トウガラシ、そしてカカオなどである。

これらの食物は、十五世紀末にこの地にやってきたヨーロッパ人によって世界に広がった。十五〜十七世紀の大航海時代は、巨大な食料移動時代でもあったのである。とりわけ、アンデスの山岳地帯で栽培されていたジャガイモは、寒冷な中・北欧に導入されて主要な根菜作物となり、それまでこの地で頻発した食料不足を解消し、その後の欧州社会の発展を支えた。トウモロコシも、あっという間にヨーロッパやアジア、北アメリカに広まった。

一方、ヨーロッパ人も、この地方へ新しい作物を移植した。イネ、ムギ、サトウキビ、さらにマレー半島が原産とされるバナナが好例である。ただしバナナは、ヨーロッパ人よりもはるか前に、南太平洋の島伝いに移動した人々が伝えたとの見方もあるが、今では中南米で主食にもなっている。

遺跡の彫刻やスペイン人の見聞記録によって、古代から近世の中南米の人々にとって、カカオが極めて貴重な飲み物であったことがわかっている。それは現代にも続いている。

図 6.2　メソアメリカ地方（直線は北緯 20 度）

6.2　メソアメリカ

メソアメリカは中央アメリカの真ん中部分、メキシコ南部からエルサルバドルやホンジュラスあたりまでの地域をいう。そのほとんどがカカオ栽培の北限といわれる北緯二十度より南にある。メソアメリカ地方の南には、パナマ地峡を経てコロンビア、ベネズエラやブラジルが広がり、カカオ原産地のアマゾン川やオリノコ川の上流域につながっている（図６・２）。

メキシコとグアテマラやエルサルバドルの太平洋側には火山性の険しい山脈が広がるが、それ以外の低地には熱帯雨林が広がっている。ユカタン半島からグアテマラやメキシコ南東部の低地地帯は、年間平均気温が二五℃くらいの熱帯雨林地域で、カカオ栽培に適している。とくにユカタン半島の付け根にあるタバスコ地方は、人類最初のカカオ栽培の地といわれている。図６・２の地図を見ると、グアテマラ国境に近いメキシシコ南部ソコヌスコの農民が、「遠い昔、山を越えてカカオがやってきた」とつぶやいたことを思い出す。その山の彼方に、カカオの原産地がある。

この地域には農耕民が居住して、壮麗な石造りの神殿ピラミッドや、絵文字などに代表される高度な古代文明が栄えた。メソアメリカの文明がいわゆる旧大陸の四大文明（エジプト、メソポタミヤ、インダス、中国）と大きく異なる特色は、石器のみを使用して、青銅器や鉄器を道具として使わなかったことである。にもかかわらず、あちこちに残る遺跡には巨大な建築物に精巧な彫刻が施されている。

この地の人々は、黒曜石《こくようせき》や火打石などの硬い石器の使用と、文字や高度な建築様式の発明、さらには農耕を支える天文学的知識を駆使していた。その高い水準はいわゆる「四大文明」に匹敵し、南米アンデス文明を加えて「世界六大文明」と位置づけられる（1）。

中でも黒曜石は、必要不可欠の道具であった。黒曜石は、火山が噴火した時に溶岩が急速に冷えて固まってできたガラス質の石で、極めて硬い。しかも結晶ではなくガラスであるため、割ると非常に鋭利な刃ができる。ガラスの破片がいかに鋭いかは、我々の日常でも経験している。そのため、黒曜石はメソアメリカに限らず、石器時代からナイフや鏃《やじり》、槍の剣先として使用された。その黒曜石の産地が、メキシコのテオティワカン近辺や、グアテマラ、ホンジュラスの高地にあった。

メソアメリカの多様な文明は、地域と時代によってめまぐるしく転変するので、それをここで詳述することは筆者らの任を超える。しかしここでは、カカオ飲料にかかわることに限ってメソアメ

表6.1　マヤ・アステカ周辺の歴史

年　代		アステカ周辺	マヤ周辺
B.C.	8000		定住生活が始まる
	2000	農村集落	小規模神殿の建築
		土器の製作	土器の製作
	1200	オルメカ文明	
	800		オルメカの影響が広がる
	600		マヤ文明が始まる
	300	オルメカ文明が衰退	
	100	テオティワカンの建設	
A.D.	0		マヤの石碑が建立
	200		大型建築物が建立
	400	テオティワカン興隆	
	700	テオティワカン滅亡	
	1000	トルテカ文明興隆	
	1300	アステカ族が侵入	
	1400	アステカ文明興隆	マヤ文明が衰退
	1492	コロンブスが到達	
	1521	アステカ王国滅亡	スペイン人による征服

リカの歴史を振り返るが、便宜的にメソアメリカを、今のメキシコ中部を中心とするアステカ周辺と、メキシコ南東部からユカタン半島、ならびにホンジュラスやグアテマラにかけてのマヤ周辺とに分ける。表6・1に、両地域周辺の歴史を示した。

この地域に最初に起こった文明は、オルメカ文明である。この文明は、大規模な神殿と巨大な人頭石《じんとうせき》の彫刻で知られるが、彼らの暦と宗教は、その後のマヤ文明に大きな影響を与えたとされている。たとえば、マヤやアステカに伝わった球戯（ボールゲーム）もオルメカの時代から続いており、神々に勇者の命を捧げる神聖な戦いでもあった（図6・

3)。

人類最古のカカオ酒作りの痕跡のある壷はホンジュラスで発見されたが、この壷が作られたのは紀元前千百年頃である。その時代のホンジュラスはオルメカ文明の影響下にあったので、当時からカカオが飲まれていたことになる。

紀元前三百年頃に、オルメカ文明に替わってテオティワカン文明とマヤ文明が興った。メキシコシティから車で一時間ほどの丘陵地帯に広がる古代都市・テオティワカンには、巨大なピラミッド群が横たわっている。その真ん中を四キロに及ぶ「死者の道」が貫き、その周りに太陽と月のピラミッドや数々の神殿が広がるが、いずれも急峻な傾斜の階段がある（図6・4）。とりわけ、「太陽のピラミッド」の長い階段では、立ち上がると地上が真下に見えるような錯覚に陥る。このような急峻な階段は、規模は小さいけれどもマヤのピラミッドでも同様に見られる。

マヤ文明は、さまざまな都市国家の集合である。最大の都市はティカル（現在のグアテマラ）、次いでコパン（現在のホンジュラス）、チチェン・イツァやマヤパン（いずれも、メキシコのユカタン半島）などである。紀元後三百年から九百年頃までに栄えた多くの都市国家は、十世紀頃にユカタン半島地域を除いて衰退する。その後、メキシコ中央高地のトルテカ文明の影響を受けたマヤ文明がユカタン半島で存続する。十五世紀にマヤパンが崩壊した後は、小さな王国が散在していたが、これらの小都市は十六世紀初めにやってきたスペイン人によって征服された。

千三百年頃にメキシコの中部高原地帯から侵入したアステカ族は、今のメキシコシティに首都を定め、中央集権国家を建設した。モクテスマⅡ世の在位中（一五〇二―一五二〇）には強大な王国が築かれていたが、一五二一年にスペインから遠征したヘルナン・コルテスたちによって征服された。

これらのメソアメリカ文明を支えた主食が、トウモロコシである。カカオ飲料も、このトウモロコシと深くつながっていた。

図 **6.3**　古代メソアメリカのボールゲームを再現した絵（メキシコシティの国立人類学博物館）

図 **6.4**　テオティワカンのピラミッドの急峻な階段

6.3 トウモロコシ、そしてメタテとマノ

米、麦と並ぶ世界三大穀物の一つであるトウモロコシは、中南米を原産とする。一四九二年の、コロンブスによるアメリカ大陸への最初の航海でトウモロコシがスペインに持ちこまれ、その後わずか三十年の間に、トウモロコシは南ヨーロッパや北アメリカに伝わった。日本には、織田信長が絶頂期の頃に、ポルトガル人によって伝えられて栽培が始まった。

メソアメリカの地に定住した人々は、すでに一万年前にはトウモロコシを食していたという。初期のトウモロコシは現在よりもはるかに小さくて、指でつまめるほどだった。メソアメリカの先住民は長い間に、この小さなイネ科の植物の品種改良を積み重ねたわけである。

彼らはトウモロコシと豆類とカボチャを複合して栽培したが、それは極めて合理的である。一般に、マメ科では根が地中に深く伸びるが、イネ科のトウモロコシは浅く伸びるため、根の発達が棲み分けられて、土壌中の養分や水分が効率よく利用される。また、豆類が大気中の窒素を固定して、根の脱落や分解などを通じて土壌中の窒素量を増やし、トウモロコシに窒素を供給する。さらに、トウモロコシは豆の蔓《つる》を絡ませる支柱になって、豆に太陽光が当たりやすくなる。カボチャについては、その大きな葉が地面を覆うことで土壌の侵食が抑えられ、保水性も向上し雑草も生えなくなる。

ちなみに、ヒマラヤの麓のネパールでトウモロコシ畑を見たが、ここでもトウモロコシと豆類と

カボチャが一緒に植えられていた（図6・5）。

トウモロコシは、その豊富な栄養と、早ければ二～三カ月で収穫できる高い生産性、乾燥した子実の安定な貯蔵性のために、メソアメリカ文明を支える盤石な食料供給体制を担っていたのである。

トウモロコシの食べ方にはいろいろあるが、代表的なものがメキシコのトルティーヤである。乾燥した子実を石灰水で煮てアルカリ処理し、細かくすりつぶして粉にする。それを水と混ぜて薄く延ばして「マサ」と呼ばれるパン生地に加工して、陶器でできた平たい皿（コマル）で焼く。それ以外にも煮て食べたり、焙炒して潰して団子にして食べたり、さらには発芽させた子実を煮て糖化させ、さらに発酵させてチッチャという酒にして飲んだ。そこに、カカオパルプを入れることもあった。

日本でトウモロコシを食べる時は、もいだ実（成熟穂という）をそのまま茹でるか焼くだけであるが、メソアメリカではトウモロコシの子実をアルカリ水溶液処理したものを食べる。アルカリ水には、消石灰や

図6.5　トウモロコシ（上）、豆（右）とカボチャ（中央）

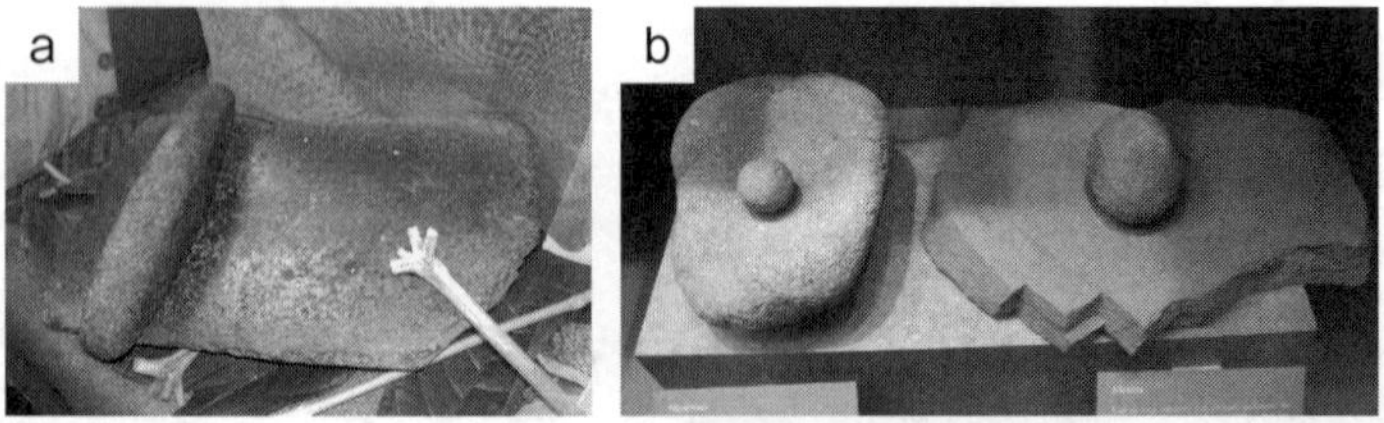

図 6.6　メタテとマノ

（a：メキシコシティの路上で売っていたもの、b：メキシコシティの国立人類学博物館）

木灰の水溶液の上澄みが使用される。アルカリ処理をする理由は、小麦などよりはるかに硬くて粉末にしにくいトウモロコシの子実を柔らかくするだけでなく、トウモロコシに含まれるタンパク質の吸収性を高めることである。それは、必須《ひっす》アミノ酸が欠乏することによって生じる、ペラグラという病気の予防にもなっていた。

トウモロコシの粉を作るためには、子実の粒をメタテと呼ぶ石臼の上に置いて、マノという石の道具ですりつぶす。メタテには内側が凹んだ平板上のものや円形に凹ませたものがあり、それに対応して、マノにも中央が膨らんだ棒や楕円形、球形のものがある（口絵写真8および図6・6）。

実は、このメタテとマノは、しばらく前まで人々がカカオ豆をすりつぶすときに使った道具とまったく同じである。それは偶然というよりも、むしろ必然であった。なぜならば、メソアメリカ文明を支えた、トウモロコシを食品へ応用する技術は、焙炒することやメタテとマノで磨砕することでカカオと共通する点が多いからである。さらに、カカオ飲料はトウモロコシとともに食事として摂取されていた。カカオは脂質とミネラル、トウモロコシはデンプン、脂質とタンパク質の供給源として、人々の重要な栄養源となっていたのである。

それでは、かつてメソアメリカの人々がいかにして彼らの信仰と結びつけてカカオを飲んでいたのか、そして現代ではどのように飲んでいるのかを見ていきたい。

6.4 メソアメリカにおけるカカオの飲み方

古代の人々

十五世紀に初めてこの地にやってきたスペイン人の見聞録には、先住民の生活が詳しく書かれ、その中で常にカカオが登場している。

カカオは、神に祈る儀式、収穫の祭り、誕生・洗礼・結婚の儀式などで飲まれた。焙炒したカカオをすりつぶして水を加え、それにトウモロコシやトウガラシ、アチョテという食紅を加え、冷やすか室温で飲んでいた。また、壷に入れて棒でかき混ぜたり、高い位置の器から低い位置の器に落として、泡立てて飲んでいた（図6・7）。砂糖は古代のメソアメリカにはなかったので、甘くするには蜂蜜などを使うしかないが、それはまれであった。それどころか、トウガラシを入れて飲んでいた。そのために苦くて辛く、メソアメリカにやってきたばかりのほとんどのスペイン人にはとて

図 6.7　高いところから落としてカカオ飲料を泡立てる方法（メキシコ国立熱帯植物研究所のパンフレットより）

も受け入れられなかった。その後に、続々と到来したスペイン人の影響や、カリブ海の島々における砂糖の生産量が増加するとともに、シナモンやバニラ、砂糖を入れるなど、カカオの飲み方が時代とともに変わっていった。

古代メソアメリカではカカオは極めて貴重で、王や貴族などの高貴な人々や戦士しか飲めなかった。その理由として、カカオに栄養効果や薬理効果だけでなく、強精剤としての効能を求めたこと、アチョテや唐辛子を入れて血の象徴として飲んだこと、さらに、カカオ豆の供給量が少なかったことがある。とくに、メソアメリカには血や心臓に対する信仰があったので、血液に似せてトウガラシやアチョテを加えて真っ赤にしたカカオ飲料を飲んだとされている。それは、生贄《いけにえ》の血や心臓を神にささげる儀式に現れている。

スペイン人が到着する直前のマヤ世界を描いた、メル・ギブソン監督の映画「アポカリプト」では、新妻と平和に暮らしていた主人公が、他部族の襲撃を受けて村が全滅し、捕虜として征服者の村に連行され、仲間とともにピラミッドの頂上で行われる血の儀式の生贄になるシーンがリアルに描かれた。娯楽映画とはいえ、この映画の生贄のシーンは、アステカ時代の生贄を見たスペイン人の記録と一致している。捕虜たちはピラミッドの頂上に連れられて、丸い石のうえに仰向けにされ、五人の神官が両手足と頭を押さえ、最高位の神官が黒曜石で作った鋭利なナイフですばやく捕虜の心臓を摘出し、血の滴る心臓を高くかかげて太陽に捧げた（図6・8）。心臓を失い、首を切られた捕虜の体は放り投げられて、ピラミッドの急峻な階段から転げ落ちた。

図 6.8　生贄から心臓を取り出す絵（文献2をもとに作画）

実際に、マヤ遺跡には心臓を摘出するために生贄を据えるための石の痕跡がある（図6・9）。石の形は地域によって異なっていて、我々が見たホンジュラスのコパン遺跡の石は丸いが、メキシコのソコヌスコの南にあるイサパ遺跡の石は平たい。コパン遺跡にある石の上部の真ん中には丸い穴があり、そこから二本の溝が地面に向かってらせん状に彫ってある。その溝を通って流れ落ちた血を集めて、一方は太陽に、もう片方は月に、神々の犠牲によってできた太陽と月が運動するためのエネルギー

図 6.9　生贄から心臓を摘出するための石
コパン遺跡（左）とイサパ遺跡（右）にて

として、生贄の血をささげたのである。

カカオ豆は、メソアメリカで貨幣としても使われていた。カカオ豆の貨幣価値は時代や地域で異なるが、一五四五年のメキシコの文書によれば「七面鳥は雌が百粒、雄が二百粒」。メソアメリカでは旧大陸のようなニワトリ、ウシやブタはいなかったため、七面鳥は重要な家禽《かきん》であった。

この記述からすれば、カカオ豆は極めて価値が高かったことになる。なぜならば、焙炒したカカオ豆一粒が約一gであるから、普通の大きさのスイートチョコレートを作るには三五粒、普通の濃さのカカオドリンクをコップ一杯作るには九粒のカカオ豆が必要である。したがって、大雑把に見積もると、雌の七面鳥一羽が約三枚分のスイートチョコレートと同じことになる。

カカオ豆が通貨となれば、「贋金作り《にせがねづくり》」が現れる。丸めた蝋《ろう》やアボカドの核をカカオの豆の殻で包んでカカオに似せるのである。そうなれば当然、贋金の見破り方も工夫された。貨幣としての価値があるカカオ豆は、貢納・交易品としても使われた。綿、ジャガーの皮などとともにカカオ豆が低地から高地へ貢納され、メソアメリカで崇《あが》められた神聖な鳥、ケツァルの羽根や翡翠《ひすい》や鉱石が高地から低地へ貢納された。

現代の人々

現代においても、カカオは人々の生活に深く浸透している。そのすべてを紹介することはできないが、ここでは現地での体験を元にして、典型的な飲み方を紹介する。

ホンジュラスのカカオ飲料はピノール、ニカラグアやグアテマラではピノーリヨとよばれる。ピノールは九五％のトウモロコシと五％のカカオでできた団子を冷水に融かし、さらに砂糖を加えて作る。まずトウモロコシを焙炒し、そこにカカオを混ぜて再び焙炒し、すりつぶしたあとで、砂糖とシナモンと水を加えてかき混ぜればできあがりである。熱い水と混ぜる場合は「ティステ」という。また保存用には、カカオ豆とトウモロコシを一緒に焙炒して、電動式の磨砕機ですりつぶして丸く固める。いわば「カカオ団子」である。我々もそれを水に溶かして飲んだが、大変香りが強かった。

第一章でも紹介した、メキシコのソコヌスコの農家で飲んだパツォルの場合は、カカオポッドから良いカカオ豆を選んで取り出し、洗って四日ほど乾燥する。カカオ豆は発酵していない。石を組んだ炉で木を燃やして、炎が収まったところにコマルを置き、その上でカカオ豆を焙炒する（図6・10）。そのあと、シェルとニブを分けるためにマノを使って豆を軽くつぶす。豆のシェルを息で吹き飛ばしてニブだけを残して、シナモンなどを入れ、ハンドミルを二回通してつぶしてカカオマスを作る。

一方、トウモロコシは一回ゆでた後に石灰水で処理をして、もう一度ゆでて柔らかくしたあとで、細かくつぶして粉を作る（コーンマス）。それをカカオマスと混ぜるが、一キロのコーンマスにカカオマス二百五十gを混ぜ、丸い団子にして保存しておく。パツォルを作るには、数センチの大きさの団子を四つと、井戸から汲んだ冷たい水約一リットルと混ぜる。このとき、先が細い四、五本の枝が出ている自然の木の棒を使う（口絵写真6）。

緑トウガラシに塩を混ぜたものを食べながら、大きめのコップで二杯分のパツォルを飲めば、朝から働いて昼までもつという。カロリー計算をすると、コップ二杯分のパツォルで千キロカロリー以上になるので、朝食としては十分すぎる量である。

我々も、パツォルを作ってもらった。パツォルは泡立てないで飲む。「トウガラシをかじりながら飲みたい」というと、その家の少年が庭に跳んでいって枝ごと取って来てくれた。パツォルを飲んでみるととても水っぽく、カカオの味はまったくしないでトウモロコシの薄い香りと味だけがする（図6・11）。塩をなめ、枝についている緑色の小さな一ミリ程度のトウガラシの実を口に含んで

図6.10　コマルでカカオ豆を焙炒する少年

噛んだら、飛び上がるような辛さである。あわててパツォルを飲む。その繰り返しであった。トウガラシには脂肪を燃やすカプサイシンが含まれているが、現地の人々は経験でそれを知っていたのかもしれない。

「昔の人は泡立てていたと聞いたが、ここではどうなのか？」と聞くと、「発酵しないと泡は立たない」という。「砂糖入りでも飲みたい」というと、しばらくして砂糖が出てきた。パツォル約五百ccに、砂糖を大さじで六杯ほど入れて混ぜる。砂糖入りのパツォルの味は、砂糖なしのものに甘さが加わっただけだったが、このほうがはるかに飲みやすい。

図 6.11　パツォルを飲む筆者（佐藤）

あとで聞いた話では、この農家は貧しくて、我々が着いたときには砂糖が手元になかった。事情も知らずに「砂糖入りも飲みたい」と我々が言ったので、農家の人は困ってガイドさんに事情を言うと、ガイドさんがお金を渡して、少年に近くの店で砂糖を買ってこさせたのだった。

我々のためにカカオ豆を焙炒し、庭から緑トウガラシを取ってきてくれ、砂糖を買ってきてくれた図6・10の少年は、我々が帰るときに、夜も更けて街灯もなく真っ暗になった泥水だらけのデコボコ道を、彼のバイクで道を照らしながら案内してくれた。彼はどこに大きな石ころが転がっているのかを見つけ、それを拾いながら、我々の車を安全な道まで案内してくれた。いよいよ別れるとなると、彼は我々をいつまでも見送っていた。

メキシコのタバスコにあるカカオ農園でも、カカオを飲んだ。この農園は第八章で詳しく紹介するが、農園の主人がスペイン系のメキシコ人なので、その飲み方は他とは大きく変わっていた。発酵したカカオ豆を焙炒してつぶしたものに、砂糖とシナモンを入れて、水かミルクと一緒に混ぜる。そうすると、たくさんの泡ができる。ここの人たちは、トウモロコシは入れない。香りを楽しもうとすれば水がいいし、ミルクを入れるとカカオの香りが薄れるが飲みやすい。水は熱くても冷たくてもよい。トウモロコシを入れない理由は、ソコヌスコの農民の場合は主食であるのに対して、スペイン系の彼らにとってカカオは嗜好品だからである。

最後に、カカオ飲料の泡立てについて考える。メキシコ人の見聞記録に残るかつてのメソアメリカでも、現代においても、泡立てて飲むことは共通している。南米のベネズエラでも同じで、そこでは泡立てをよくするために牛の骨を煮出したものを加えている。ゼラチンを牛の骨から抽出して粘度を上げ、泡を作りやすくするものと思われる。泡立てるためにメキシコ地方で今でも使われている木製の道具が図6・12で、攪拌棒がモリニーヨである。

カカオ飲料を器に入れた後でモリニーヨを上から差し入れ、中央にある丸い板でふたをして、両手で真ん中の軸を勢いよく回転させて泡立てたあと、コップに移して飲むのである。実際にやってみると、ビールのように小さな泡はできないが、カプチーノに近い泡ができる。ただし、このモリニーヨを発明したのは、メソアメリカに入ったスペイン人である。モリニーヨができる前は、図6・7のようにカカオ飲料を高いところから器に落とし、泡立てていた。

なぜそれほどまで泡立てにこだわるのかを現地の人に聞いても、はっきりとした答えは得られなかった。そこで、我々なりに考えてみた。

第一に、空気とよく混ぜることによってポリフェノールを酸化重合させ、苦みを抑えて穏やかな味にすることができる。泡立てによってカカオ飲料と空気の接触面積が飛躍的に増えるので、その効果が増すのである。

第二は、泡の存在によって、飲むときの「口当たり」が良くなる。これは、カプチーノ・コーヒーと同じ目的である。ビールの場合も、上面に細かい泡があったほうがおいしく感じる。

第三に、泡を断熱材として機能させる。泡は空気の層であるから、飲み物が冷めにくく、また温まりにくくなる。

図6.12　メキシコ・タバスコ地方のカカオ農園で買った泡立て器

カカオがメソアメリカだけに限られた時代は、十五世紀末に終わりを告げる。ヨーロッパ人としてコロンブス一行が初めてカカオに接し、それに続いてメソアメリカに殺到したヨーロッパ人により、カカオが世界に広がった。次に、その様子を見ていこう。

（1）古代メソアメリカ文明：マヤ・テオティワカン・アステカ、青山和夫、講談社（二〇〇七）
（2）アステカ王国—文明の死と再生、セルジュ・グリュジンスキ著、落合一泰訳、創元社（一九九二）

第七章　ヨーロッパ人がカカオと遭遇

十五世紀まではカカオ、すなわちチョコレートは、メソアメリカとその周辺でしか飲まれていなかった。ただし、カカオに限らずコーヒーもお茶も、その頃までは原産地の近辺に限られていた。コーヒーは北東アフリカとイスラム圏、お茶はインドや中国とその周辺である。これらの嗜好品が世界中に広がったのは、大航海時代が幕を開けてからである。

その決定的な事件が、一四九二年、コロンブスの「新大陸発見」である（図7・1）。もちろん、アメリカ大陸を「発見」したのはコロンブスではない。本当に新大陸を発見したのは、今から約三万年前にシベリアからベーリング地峡を渡ってアラスカに着いたモンゴロイドである。また北欧のヴァイキングは、コロンブスより約五百年も前にカナダ東岸の地を踏んでいた。

しかし、コロンブスの「新大陸発見」によって、スペイン人を先頭にヨーロッパ人が「新大陸」に押し寄せてその地の人々の運命を変え、中南米の金銀財宝をヨーロッパに持ち去り、カカオを含む新大陸の食料を世界へ広げたという意味で、歴史的な役割は極めて大きい。そして、カカオもコロンブスの新大陸到達によってその世界を広げ、究極的にチョコレートへの道が開かれた。なぜな

図 7.1　「新大陸」を示すコロンブスの像（スペイン・バルセロナ）

らば、メソアメリカに留まっている限り、永久に「食べるチョコレート」は生まれなかったからである。その意味で、コロンブスの新大陸到達とチョコレートの誕生は、切っても切れない関係にある。

なぜ、コロンブスが新大陸を「発見」できたのか。スペイン人たちがやってきた後に、カカオを発見して育てた先住民の運命はどうなったのか。さらに、カカオはどのように世界に広がったのか。

それを知るためには、しばらくカカオとチョコレートから離れて、関連する歴史を紐解かなければならない。まずは、コロンブスが「新大陸」に向かう前後のスペインの様子から始める。

7.1　スペインとコロンブス

イスラムからの解放と統一スペインの誕生

日本では大和朝廷時代の七世紀初め、アラビア半島にイスラム教が興った。政教一致の固い共同体の絆と軍隊組織、優れた兵器、さらに柔軟な占領政策により、イスラム教勢力は百年ほどの間に、ササン朝ペルシャ（今のイラン）を破って、東はアフガニスタンまで領土を広げ、西は北アフリカからジブラルタル海峡を渡って、七一一年にイベリア半島に侵入した。イスラム教徒はキリスト教勢力を北部に追いやって中部ヨーロッパに侵入したが、七三二年のトゥール・ポアティエの戦いでフランク王国に押し返されてバルセロナ周辺まで撤退し、イベリア半島の中央から南東部にかけてイスラム王朝を作った。それ以来、イベリア半島のキリスト教勢力は、約八百年に及ぶレコンキスタ（ムーア人に占領されたイベリア半島を、キリスト教徒の手に奪回する運動）に多くのエネルギーを費やすことになる。日本では奈良・平安・鎌倉・室町・戦国時代に当たる長い時代を、スペイン人は異民族と戦っていたわけである（図7・2）。

八〇〇年頃のキリスト教勢力は北部地方に限られていたが、次第に領土を南側に広げ、一一三〇年頃にはイベリア半島の中央部までイスラム教勢力を追い込んだ。一一四三年にはポルトガル王国が独立し、一四七〇年頃のイスラム教勢力の範囲は、スペイン南部アンダルシア地方のグラナダ王

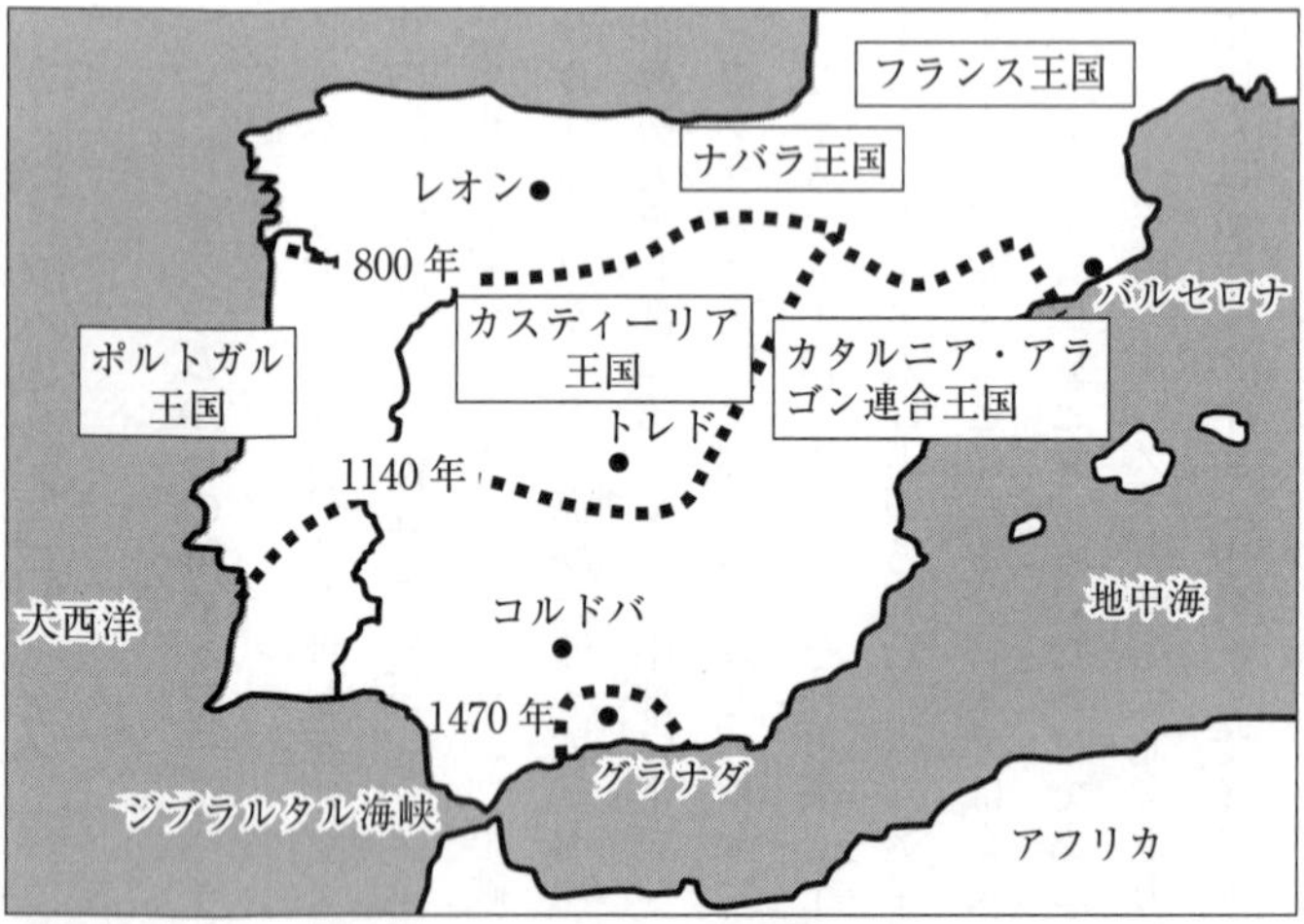

図 7.2　イベリア半島における国土回復運動（点線がキリスト教勢力とイスラム教勢力の境界線）

国だけとなった。一四六九年にカスティーリア王国のイサベル王女とカタルニア・アラゴン連合王国のフェルナンド皇太子が結婚したが、その二年後にイサベルが、一四七九年にフェルナンドがそれぞれの国の王となったので、ここに統一スペイン王国が成立した。そして、一四九二年にグラナダ王国を滅ぼし、イスラム教徒を追放してレコンキスタは終結する。

「新生スペイン」が誕生して、イサベル女王が肩入れしたコロンブスの「新大陸発見」がもたらした富により、スペインは「青天の霹靂《へきれき》」のように十六世紀初頭、世界のトップに押し上げられ、さらなる富を求めて「新大陸の征服」と略奪に進撃することとなった。

一四九二年一月二日、グラナダのアルハンブラ宮殿を開城してイスラム教徒を追放したイサベルは、その年の夏にコロンブスの「西方航路計画」に資金を提供し（図7・3）、翌年の春に帰還したコロンブスによって驚くべき朗報に接することになる。

メソアメリカにおけるコロンブス一行とカカオとの遭遇を語る前に、イスラム世界について少し考えたい。その理由は、彼らの貢献なくしてコロンブスの成功や近代ヨーロッパの発展はありえないからである。また、イスラム教徒は砂糖の製法をヨーロッパにもたらしたが、それがカカオをヨーロッパで華麗に変身させることとなる。

図 7.3　渡航許可をコロンブスに与えるイサベル女王（グラナダのイサベル・ラ・カトリカ広場）

イスラム世界

全盛期のイスラム世界は、スペインから北アフリカ、中近東、中央アジア、さらにはインド西部までの広大な領土を誇っていた。イスラム学者はギリシャ、インド、イラン（ペルシャ）の知識をもとに、当時の世界最高水準の学問を発展させていた。たとえば、占星術を起源とする天文学、医学、薬学、アラビア数字による代数学、中国から入った羅針盤や火薬や紙、陶磁器やガラスの製造技術、海図を利用した航海術などである。

とりわけ、インド数字を発展させたアラビア数字の便利さは画期的であった。それは、掛け算や割り算をローマ数字とアラビア数字で比較すれば一目瞭然である。わが国の和算と比較しても同様である。かくして、アラビア数字は世界を制覇した。また「錬金術」も発達し、そこから蒸留法やろ過法に代表される化学が生まれた。

地中海の通商を支配したイタリアや、大航海時代を開いたポルトガルやスペインは、イスラム文化に接して、航海術や天文学を継承していたのである。

また彼らは、ニューギニア周辺が原産地のサトウキビの栽培と製糖技術を、インド経由で地中海東部の島々や北アフリカ、スペインのイスラム支配地域に広めた。それが十字軍を通じてヨーロッパに伝えられた。エチオピア生まれのコーヒーも、アラビア半島経由でヨーロッパに伝わった。アラビア語を起源とする食品には、砂糖（英語のシュガーはアラビア語のスッカルに由来）、アルコールやソーダ、シロップがある。

コロンブスとカカオの「発見」

クリストファー・コロンブス（図7・4）はジェノバ生まれのイタリア人といわれているが、後で見るように、その前半生についてはいまだに議論されている。彼は、マルコ・ポーロの書いた『東方見聞録』を愛読した。マルコ・ポーロは、中央アジアから中国までの広大な地域を、モンゴル民族が支配していた時代に、一二七一年から足掛け二十五年、イタリアから中央アジアを経てフビライ・汗の治める中国（元）まで旅をして、その記録を『東方見聞録』として出版した。マルコ・ポーロは、中国で聞いた話として日本をこのように記した（1）。

「チパング（『日本国』の中国音であるジーペン・グオの訛《なま》り）は、東の方、大陸から一五〇〇マイルの大洋にある。まことに大きな島である。住民は色白で、礼儀正しい優雅な偶像教徒である。（中略）この島では非常に豊かな金を産するので国民はみな莫大な量の金を所有している。（中略）この国王はすべて純金で覆われた非常に大きな宮殿を持っている。われわれが家や教会の屋根を鉛板でふくように、この宮殿の屋根は全部純金でふいている。（中略）部屋の床は、全部指二本の厚みのある純金で敷き詰めている。」

大変な誇張があるが、日本はそのような黄金郷と思われていた。フビライは、「黄金の国ジパング」に大軍を送った。それが「元寇」である。

図 7.4　コロンブス（バルセロナ、カタルニア歴史博物館）

コロンブスは『東方見聞録』に書かれた「黄金郷ジパング」や、当時のヨーロッパが求めていた香辛料の生産地であるインドへの探検を志していた。もちろん、そのような野望を抱いたのはコロンブスだけに限らない。ポルトガルはすでに、十五世紀初頭から黄金を求めてアフリカの西岸から南岸への探検を進めていた。

図 **7.5**
ピエール・ダイイ枢機卿（1350–1420）
（E. Buron 編 Pierre d'Ailly 著 Ymago Mundi 京都大学所蔵）

これに対してコロンブスは、フランス人のピエール・ダイイ枢機卿（図7・5）の地理書『世界像（イマゴ　ムンディ）』で、地球は丸くてヨーロッパとアジアは近いので、西回りの航路が可能であると考えた。また、フィレンツェの天文学者トスカネリは、一四七四年に「地球球体説」を提唱した。彼は、「地球は球体であるから、アフリカから東へ行くよりもイベリア半島からまっすぐ西に向かえば、黄金の国ジパングを通ってインドに到達する」として、ヨーロッパから海を隔てていきなりジパングとインドが現れる地図を描いた（図7・6）。

しかし、この説を信じる者は少なく、ほとんどの人々は古代ギリシャの哲学者であるプトレマイオスの地図の影響を受けていた。それによれば、我々の世界は西の方角はイベリア半島とアフリカの先で終わっている。

それにもかかわらず、コロンブスは西回りの航海の可能性を信じて、インディオスへの旅の計画を主張した。そのコロンブスを、イサベル女王は信じたのである。イサベルとコロンブスは、新大陸を発見したらコロンブスを「新大陸の副王」にし、その財宝の一割を無税で与える、などの「サンタフェ協定」を結んだ。コロンブスの艦隊は、一四九二年八月に三隻の小さな船で出発し、十月にバハマ諸島に到達した。

図7・7に、コロンブスの艦隊の四回の航海をまとめた。第一回航海では、バハマ諸島、キューバ、ハイチに行き、真珠・宝石・金銀を持参して、バルセロナでイサベルとフェルナンドに謁見する。第二回航海では総員一五〇〇名の大艦隊で出発したが、先住民の反乱のために財宝の土産はなかった。第三回航海も同様であった。第四回航海（一五〇二〜〇四年）はパナマ地峡を探検するだけで、またもや成果は出なかった。その直後に、最大の理解者であったイサベル女王が死去すると、スペイン宮廷にはコロンブスに好意をもつ者がいなかった。むしろ、コロンブスは「新大陸の副王」としての存在が煙たがられて事実上失脚し、失意のうちに一五〇六年に他界する。

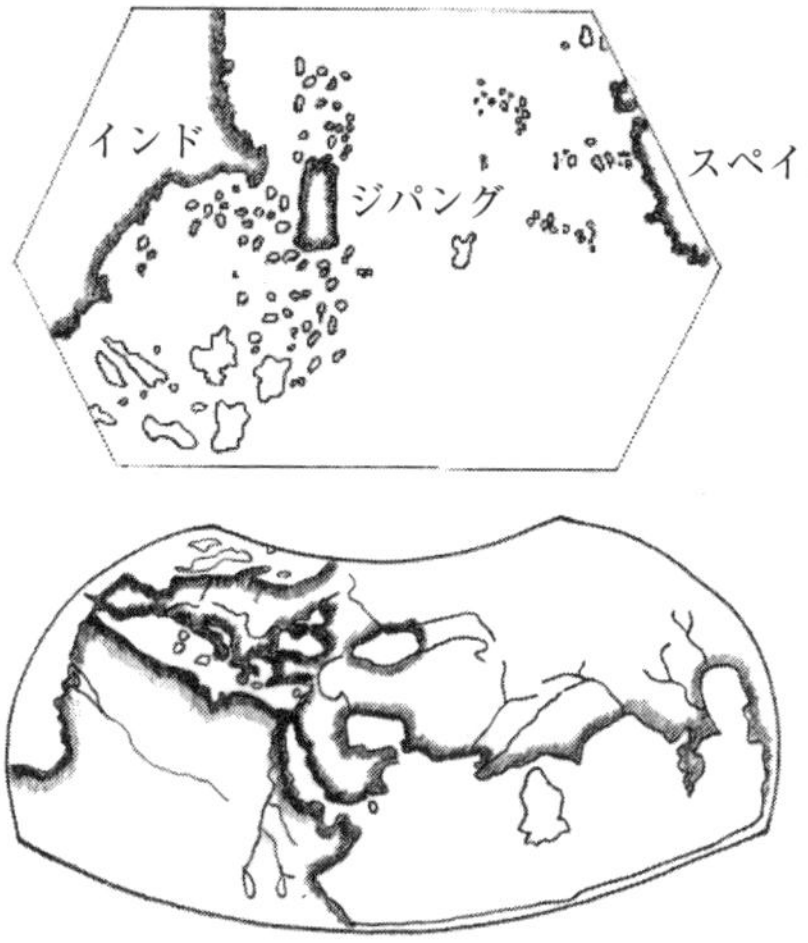

図 7.6　トスカネリの地図（上）とプトレマイオスの世界地図（下）

コロンブス一行は、第一回航海でトウモロコシをヨーロッパに持参し、第二回航海でサトウキビを新大陸に持ち込んだ。彼らは第四回の航海で初めて、ホンジュラスの沖にあるグアナハ島でカカオを船で運ぶマヤ人一行に遭遇する。その記録は、コロンブスの子であ

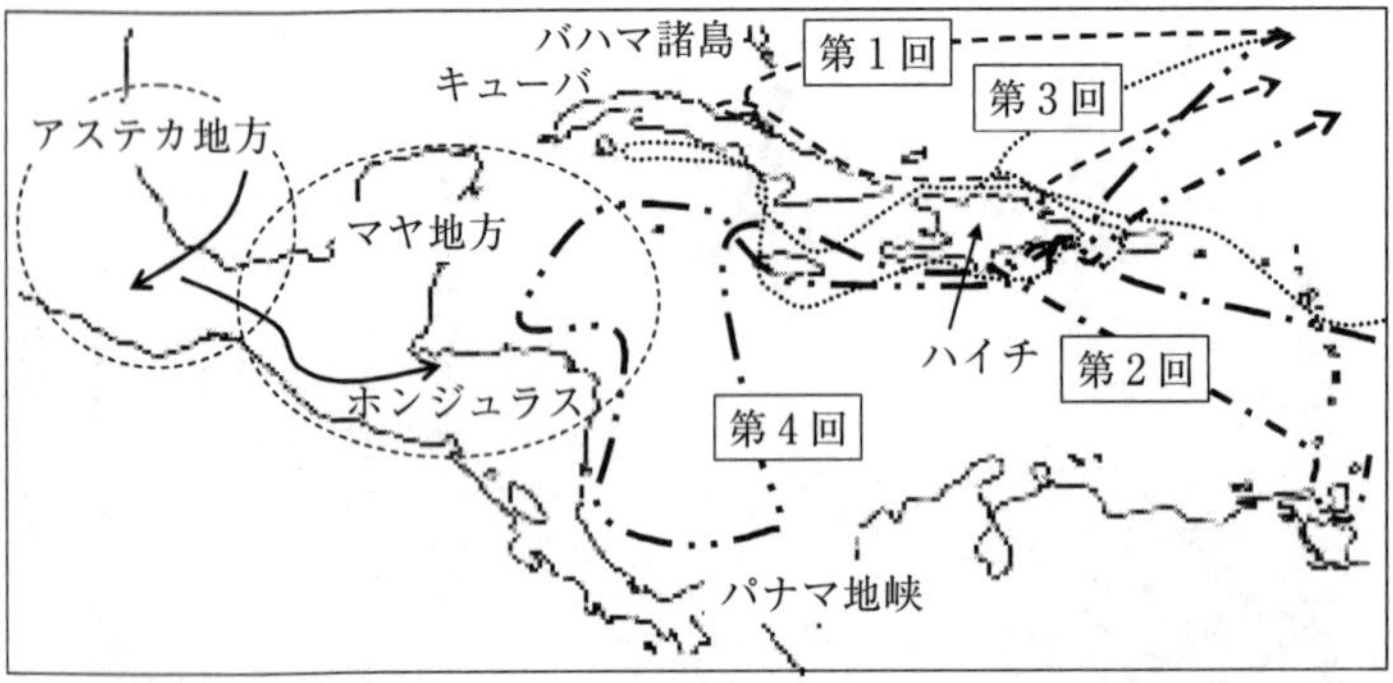

図 7.7　コロンブスの４回の航路の概略図とコルテスの進路（実線）

るフェルナンドが、島の人々が船で交易する様子を書いた、次の一節で読み取れる（2）。

「ヌエバ・エスパーニャでお金として用いられる、かのアルメンドラがたくさんあった。それはたいそう尊ばれているようであり、船にものを積みこむとき、あのアルメンドラが落ちると、ちょうど目を落としたかのように、皆はすぐさま屈みこんで拾おうと努めるという感じを受けた。」

当時の新大陸を、スペイン人はヌエバ・エスパーニャ（新スペイン）、あるいはインディオスと呼んでいたが、ここに出てくる「アルメンドラ（アーモンド）」がカカオ豆である。しかし、コロンブス一行はカカオの価値をほとんど理解しなかった。

世界の分割

コロンブスの帰還によって、ヨーロッパ中が沸き立った。そこで、これから開拓する世界の分割問題が生まれた。

一四九四年の「トルデシリャス協定」によって、スペインはブラジルを除くアメリカ大陸の全域、ポルトガルはアフリカとアジアに優先権を持った。一五八〇年には、ポルトガル王室の皇位継承に空白が生じた隙を突いて、スペインがポルトガルを併合した。その結果、地球を一回りすれば常にスペインの国旗がはためき、地球上で太陽が沈むところがない「世界大帝国」が誕生した。

しかしその頃、一五一七年にドイツで始まった宗教改革が欧州の国家間の新たな対立を引き起こし、カトリック（旧教）国スペインの不倶戴天の敵として、プロテスタント（新教徒）の国家が台頭してきていた。その筆頭が、エリザベス女王を冠するイギリス（イングランド）と、スペインから一五八一年に独立したオランダである。一五八七年にカトリックのスコットランド女王メアリ・スチュワートがエリザベス女王により処刑されて、イングランドが反カトリックの立場を鮮明にしたために、スペインとイングランドとの対決は不可避となった。

翌年に、フェリーペ二世は無敵艦隊をイギリスに派遣するが、敗北する。それ以来、スペインは斜陽の時代に入り、三十年戦争に深入りしたスペインの隙を突いて一六四〇年にはポルトガルがスペインから独立し、三十年戦争の戦後処理をした一六四八年の「ウエストファリア条約」で、オランダの独立をスペインが承認することとなる。その後、世界の覇権をめぐってイギリスとオランダが争う（英蘭戦争）。そして十八世紀にはスペインの没落は決定的となって、イギリス、オランダ、フランスが世界を席巻して、中南米にもアジアにも、これらの国々が進出することになる。ここで見たヨーロッパのダイナミックな勢力変化は日本にも及び、たとえば鎖国時代の日本にはオランダが商館を開くことになる。

十六世紀に入って、カカオはメソアメリカからスペインにもたらされるが、その後世界に広がるときに、カカオの運命が、ここに見た世界の分割ドラマに巻き込まれたのは当然である。そして、その影響は今にも続いているのである。

7.2 コロンブスはどこの生まれか？

コロンブスの業績は偉大であった。十五世紀末頃にアジアを目指したヨーロッパ人の全員が、西へ行かずに、アフリカを経て東回りでアジアを目指していた。最も近いルートである地中海から紅海を通らなかったのは、オスマントルコがそこを押さえていたからである。

そもそもヨーロッパ人がアジアを目指した理由は、近代国家の発展に必要な貨幣のための金銀と、増加する人口を支えるための香辛料が必要だったからである。ただし、アジアに向かうといっても、証明されてもいない「地球が丸い」という説に従って西の海に向かえば野垂れ死にするので、賛同する船乗りもいない。ところが、コロンブスは西に向かった（図7・8）。

したがって、コロンブスが西に向かったのは、画期的な決断なのである。彼をどういう人々が支えたのか。彼らはなぜ高度な航海技術で大西洋を横断できたのか。これらの根底にあるのが、「コロンブスは何人なのか」、である。

「イタリア人」説と「カタルニア人」説

以下に代表されるように、ほとんどの歴史書が「コロンブスの生地はイタリアのジェノバ」としている。

「イタリアのジェノバで生まれた。生年には異説が多い。（中略）一四九一年、ラビダの修道院長ファン・ペレスの力添えでスペイン女王イサベルの援助確約を得、一四九二年八月三日三隻の船舶を率いてパロス港を出発、新世界発見の端緒をつくった。」（『新編西洋史辞典』、京大西洋史辞典編纂会編、東京創元社、一九八五年）。

ジェノバは、十五世紀には独立した都市国家として、ベネチア、ピサ、カタルニア・アラゴン連合王国などと、地中海の通商をめぐって争っていた。「ジェノバ人」説の直接的証拠としては、ジェノバの公証人文書や訴訟文書の史料研究があり、間接的証拠としては、彼が新大陸に向かうための航海資金の七割はジェノバ商人たちから得たという記録など

図 7.8　復元された、第 1 回航海の旗艦サンタ・マリア号（ラ・ラヴィダ博物館）

があるという。それ以外にもおびただしい著書が「コロンブスはジェノバ生まれ」と記し、筆者らも学校でそのように習ってきた。

これに対して、「ジェノバ人」以外の異説が多く出され、その一つが「カタルニア人」説である。法政大学の田澤耕教授は、ガルシア人（スペイン北部）、ポルトガル人、エストレマドゥーラ出身（スペインの一地方）、マジョルカ島出身、コルシカ島出身、ノルウェー人などに加えて、最も有力な「カタルニア人」説に触れている(3)。そこで、しばらく「カタルニア人」説を考えたい。

カタルニアとは?

バルセロナを中心とするカタルニア地方は、現在のスペインとフランスの国境をなすピレネー山脈周辺の地域であるが、イベリア半島のほかの地域とは歴史が大きく異なる（表7・1）。

スペインにイスラム教徒が入ってきたのが七一一年、西ゴート王国が滅んだのが七一五年、中部ヨーロッパに侵入したイスラム教徒が、フランク王国によってバルセロナの北まで押し戻されたのが七三二年である。その後に、フランク王国の後押しでバルセロナの人々はイスラム教徒を追い出して、八〇一年にカタルニアが独立する。スペインからイスラム教勢力を追放したのが一四九二年であるので、北部地方を除く他のスペイン地域がイスラムの支配を受けたのが約七百年だったのに対して、カタルニアは約九十年と短かった。これが、カタルニア地方に独自の文化と産業をもたらすこととなる。

表 7.1　カタルニアの歴史

711 年	イスラム教徒がイベリア半島に侵入
732 年	トゥール・ポアティエの戦い
801 年	バルセロナがイスラム支配から独立
878 年	バルセロナ伯爵領が生まれる
988 年	バルセロナ伯爵領、フランク王国との封建関係を解消
1137 年	カタルニア・アラゴン連合王国が成立
1282 年	シチリア征服（1295 年まで）
1323 年	サルディニア征服
1409 年	シチリアを再編入
1410 年	バルセロナ伯爵家が断絶（1412 年まで空位）
1412 年	カスティーリア系フェルナンド（カタルニア語でファラン）1 世が即位（トラスタマラ朝）
1442 年	ナポリ征服
1451 年頃	コロンブス生まれる
1458 年	ナポリとシチリアが離脱
1462 年	カタルニア内乱が勃発（1472 年まで）
1469 年	カスティーリア皇女イサベルとアラゴン皇太子フェルナンドが結婚
1479 年	スペイン統一
1492 年	イスラム教徒追放・コロンブスが「新大陸発見」

一一三〇年頃には、イスラム教徒のムラビート朝が治める南西部に対して、北東部のキリスト教側にはポルトガル（一一四三年に独立する）、レオン王国、カスティーリア王国、ナバラ王国、アラゴン王国、そしてバルセロナ伯爵領があった（図7・9）。十二世紀前半に、独立以来の最大の変化がカタルニアに訪れる。隣国のアラゴン王家の男子の世継ぎが絶えたために、一一三七年にアラゴン家の二歳の娘を、二十四歳のバルセロナ伯爵家の嫡男に嫁がせて、カタルニア・アラゴン連合王国

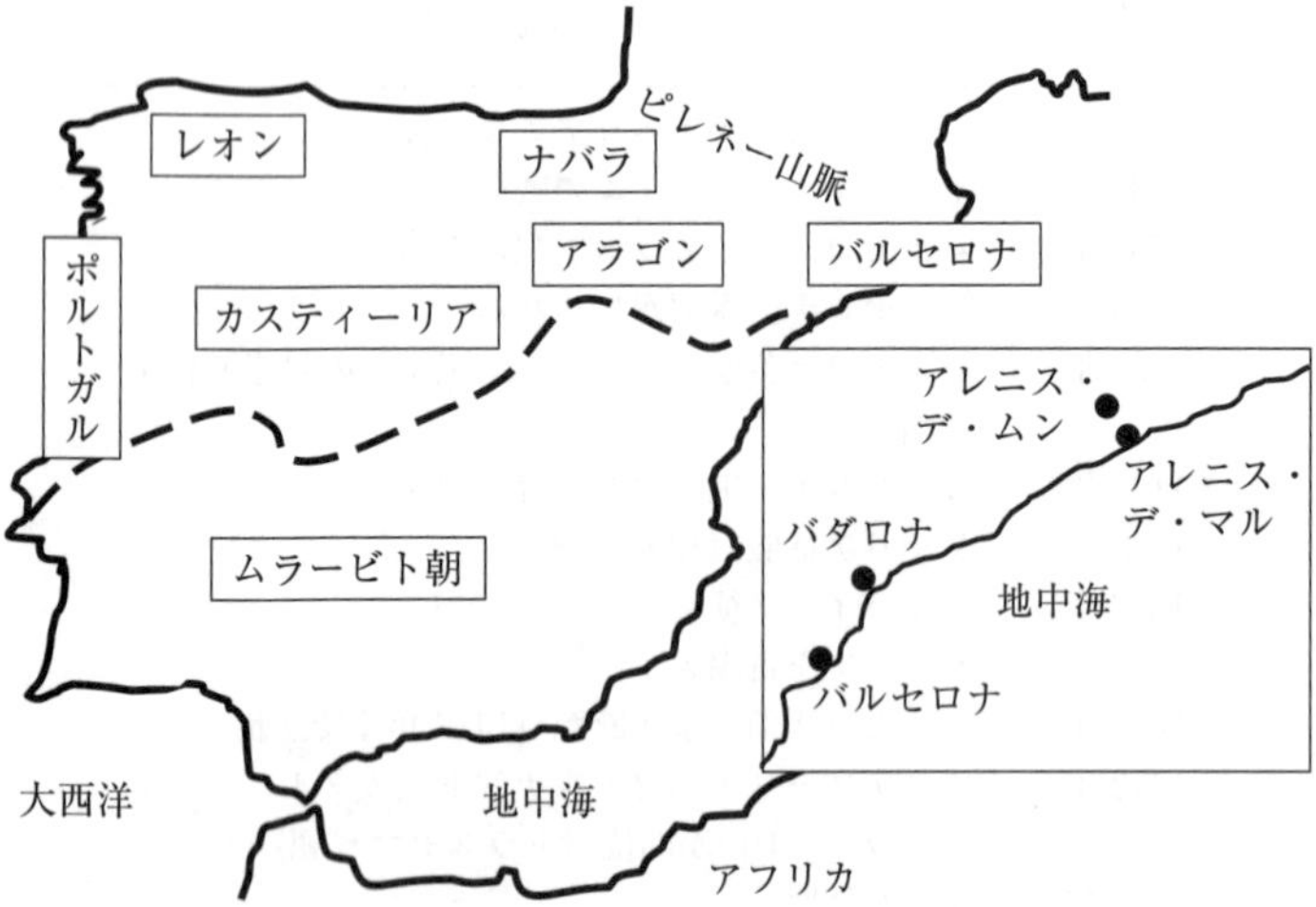

図 7.9　1100 年頃のイベリア半島の諸王国の配置とバルセロナ近郊の地図

が生まれたのである。それ以来、連合王国の領土は地中海沿岸諸国に拡大し、十四〜十五世紀には、東はギリシャの一部、ナポリ、シチリー、サルディニア、マジョルカを押さえた地中海帝国となり、イスラム世界を含めた地中海の通商で栄えた。

しかし十五世紀に入って、カタルニアに危機が訪れた。約五百年続いていたバルセロナ伯爵家が、一四一〇年に断絶したのである。世継ぎとしてカスティーリア系のフェルナンド（カタルニア語ではファラン一世）王が選ばれ、一四一二年に国王となる（トラスタマラ朝）。

王家の交代はカタルニアの没落にとって決定的であった。その後にトラスタマラ朝は、ファラン一世からアルフォンソ四世と続き、その弟のジョアン二世が一四五八年に即位する。この王はカタルニア議会と激しく対立し、一四六二年からは十年の内戦に突入する。内戦を終えた後にジョアン二世が亡くなり、息子のファラン（フェルナンド）二世が一四七九年に即位した。実はこの王は、皇太子時代の一四六九年にカスティーリアの王女イサベルと結婚していた。そのイサベルが一四七一年にカスティーリア国王となっていたので、ファラン二世の即位によって自動的にスペインが統一することとなった。

このようにめまぐるしく動く時代に、コロンブスは生まれ育ったのである。

「カタルニア人」説の根拠

カタルニアの人々は、昔から「コロンブスはバルセロナ生まれだ」としている。

図 7.10　ジョルディ・ビルベニ氏と彼の著書

バルセロナの近郊に住むジョルディ・ビルベニ氏（図7・10）は、バルセロナ大学の博士課程の在学中から現在まで一貫して、熱心に「カタルニア人」説を提唱する研究者である。彼はカタルニアの現代史研究所長をしながら、「カタルニア人」説の本の出版や、カタルニア語やカタルニア語の詩についての講義をしている。ここでは、ビルベニ氏への直接のインタビューを中心に「カタルニア人」説を紹介する。

①アメリカ大陸に到達したコロンブスの出生を厳密に証

明する決定的資料がないことは、我々の場合も同じである。しかし我々はいろいろな事実を総合して、「コロンブスは、カタルニアで生まれたカタルニア人」と結論している。

②「イタリアのジェノバの古文書にコロンブスの記録がある」ことは事実であるが、それは別人である。

③コロンブス一族には、僧侶、銀行家、軍人、天文学者、船乗りなどが輩出しており、アメリカに渡ったコロンブスもその一員だった。一四六〇年頃のカタルニアでは、カスティーリア系の王とカタルニア議会が対立しており、コロンブス自身は議会の側にいた。

④多くの証拠の中で重要なものは、貨幣である。コロンブスがアメリカへの航海のために王から支払われたのは、カタルニアの金貨（一万七〇〇〇ドゥカト）という証拠がある。

⑤それ以外の考察を含めて、我々はカタルニア生まれのコロンブスの名前が、ジョアン・コロン・ベルトランと特定できている。

その他にも、アメリカに着いた時のコロンブスの船にはカタルニアの旗が飾られていた、などの多くの証拠を示したが、ここで紹介するのは省きたい。

ビルベニ氏はアレニス・デ・マルの生まれで、今はその近くのアレニス・デ・ムンに住んでいる（カタルニア語で「マル」は「海」、「ムン」は「山」）。その地の人々は代々「コロンブスはカタルニア人だ。第一回航海を終えてすぐにここに戻ってきた」と言い伝えている。ビルベニ氏は少年時代から聞いている「カタルニア人」説を証明したいと、この研究を始めたという。

インタビューのあとで、バダロナのムルトラ修道院を訪問した。迷いに迷ってやっとたどり着いたその修道院は、遠くにバルセロナを見渡す山の中腹にあった。普段は日曜日以外は入れないが、係員に頼み込んで中に入ると、外から見たひなびた姿とは大違いで、見事な回廊と柱像、美しい庭、歴史を感じさせる高い塔、ワイン用にブドウを絞る木造の機械などがあり、そのまま中世に戻ったようであった（図7・11）。柱像の中にコロンブス、フェルナンド、イサベルの姿があった。修道院の係員に聞くと、「第一回航海の後で、コロンブスがここに来たのは間違いない。ただし、その記録はない」とのことであった。

図 7.11　ムルトラ修道院 の回廊（上）と、コロンブス、フェルナンド、イサベルの柱像（下、左から）

我々がコロンブスの生地に関して結論を下せないのは当然であるし、結論を求めるつもりもない。あくまでも、歴史家の研究に期待するだけである。

しかし、もし本当にコロン

ブスがカタルニア人であったら、スペイン国家にとって由々しきことであるに違いない。なぜなら、スペインが世界のトップに躍り出るチャンスを与えた新大陸発見が、カスティーリアの中央政府にしばしば反乱を起こし、絶えず独立を狙っていたカタルニア人によってなされたことが世に広がれば、カタルニアを押さえきれない。そこで「国を挙げて歴史を捻じ曲げた」という認識が、カタルニア人たちによる「カタルニア人」説の根底にあると思われる。

コロンブスがどこの生まれであれ、ついにヨーロッパ人がメソアメリカにやってきて、カカオがヨーロッパに入った。そこで次は、カカオの船出について考えよう。

(1) 東方見聞録、マルコ・ポーロ著、長澤和俊訳、小学館(一九九六)
(2) チョコレートの文化誌、八杉佳穂、世界思想社(二〇〇四)
(3) 物語 カタルーニャの歴史、田澤耕、中公新書(二〇〇〇)

第八章　メソアメリカから世界へ

8.1　スペインによるメソアメリカの征服

コロンブス一行が到達したのがインドではないことはやがて判明するが、新大陸には無限の資源と広大な土地が広がっていることがわかり、一五一〇年前後から怒濤《どとう》のごとくスペイン人が新大陸に押し寄せた。そして一五〇〇年代の中頃までにスペイン人は先住民を征服し、それから金銀をはじめとする新大陸の資源を持ち去っていった。

侵入者のスペインに対して、先住民の多くは一方的に降参したのではなく、征服前も征服後も果敢に立ち向かった。一部にはスペインと手を結ぶ部族もいたが、彼らは先住民の部族間の対立につけこむスペインの作戦に利用された。スペイン軍は騎馬や大砲、槍・刀剣などの武力で勝っていたが、先住民には黒曜石や火打石などの石器を使った武器しかなかった（図8・1）。それにもかかわらず、先住民の抵抗がどれだけ激しかったかについて、たとえばアステカ帝国を滅ぼしたエルナン・コルテスの遠征軍に従軍したベルナール・ディアス・デル・カスティーヨは、次のように記している（1）。

「われわれは敵の不屈の闘志を感じた。どう表現してよいかわからないが、大砲も小銃も石弓も白兵戦も、われわれ歩兵の突撃ごとに三、四十名の戦士を殺しても有効ではなかった。それでもなお、彼らは隊伍を崩さず、いっそうの力をふるって戦うのであった。（中略）（イタリアの戦いに従軍した味方の言葉によると）神かけてまちがいないことだが、こんな激しい戦いというのはかつて見たことがないというのである。フランス王の砲兵やトルコ人と戦ったときでも、このように隊伍を崩さない勇気をもつ敵は見たことがないというのだ。」

図 8.1　黒曜石と火打ち石の武器（メキシコシティの国立人類学博物館）

実際にコルテス軍は、アステカ軍によって全滅の寸前まで追い詰められる。しかし、結局はスペイン側の勝利に終わった。

今から約一万二千年前にアラスカからこの地に渡り、世界六大文明の中の二つを築き上げた中南米のモンゴロイド先住民は、このときから苦難の道を強いられることとなる。それは、基本的に現在でも変わらない。

十六世紀に殺到した征服者による虐待と、彼らが持ち込んだ天然痘で、先住民の人口が一〇％以下に激減した。そのため、現地の労働力が枯渇するほどであった。それは、地下資源の発掘やカカオ、砂糖の生産にも打撃を与えた。カリブ海も同様で、まもなく単純労働力として、アフリカから大量の黒人奴隷が送り込まれることになる。

スペイン人による残虐な征服については、早くも一五四二年にスペイン人司教バルトロメ・デ・ラス・カサスが、スペイン国王カルロス一世に同胞たちを次のように告発した（2）。

「（先住民は）明晰で物にとらわれない鋭い理解力を具え、あらゆる秀れた教えを理解し守ることができる。（中略）（新大陸が発見され）スペイン人たちがそこへ赴いてしばらく暮らすようになってから現在にいたるまで、そこでは種々様々な出来事が起きた。人類史上、これまでに見聞されたいかなる偉業も、それらと比べると色を失い、声も出ず、忘却の彼方へ追いやられる、それほどインディオスで起きた出来事は、ことごとく驚くべき、また直接目にしなかった人にはとても信じられないようなものであった。その中には、罪のない人々が虐殺絶滅の憂き目に遭ったり、スペイン人の侵入を受けた数々の村や地方や王国が全滅させられたこと、そのほかにもそれに劣らず人を慄然とさせる様々な出来事があった。（中略）キリスト教徒がそれほど多くの人々をあやめ、絶滅させることになったその原因はただひとつ、ひたすら彼らが黄金を手に入れるのを最終目的と考え、できる限り短時日で財を築こうとし、身分不相応な欲望と野心を抱いていたからである。」

作家の故堀田善衛氏によれば、ラス・カサスの報告書には、次の言葉が見られるという（3）。

「残忍、邪悪非道、虐殺、火あぶり、略奪、征服、極悪無慙《むざん》、悪行、残虐、凶暴、苛酷、拷問、奴隷、奴隷の焼印、強奪、分配、荒廃、全滅、獰猛《どうもう》な犬、餓死、駄獣、人類最大の敵、強姦、陵辱、暴行、災禍。」

かくして、メソアメリカのアステカ・マヤの人々だけでなく、南米のインカの人々も含めて、モンゴロイド先住民は征服された。しかし、彼らが数千年にわたって品種改良したトウモロコシ、ジャガイモ、トマト、トウガラシなどの食料は、十七世紀までには世界中に広がって、「食料革命」を起こした。彼らが発酵・焙炒を発見して飲料にしたカカオも同様である。

とりわけジャガイモとトウモロコシは、当時のヨーロッパの食料事情を著しく改善した。ジャガイモは、当初はその色と形が気味悪がられて敬遠された。しかし、種付けから短期間で収穫でき、寒冷地や痩せた土地での栽培に適し、地下茎なので雹《ひょう》などの災害に強く、また栄養価も高いので、しばらくするとヨーロッパ各地で盛んに栽培されて、その後の爆発的な人口増を支えた。日本にも、江戸時代に通商相手国であったオランダから伝えられた。当時のオランダ植民地であるインドネシアの「ジャガタラ」経由の芋であることが、日本名の由来である。さらにトウガラシは、ビタミンCが豊富で栄養価の高い新しい香辛料として瞬く間に世界に広がり、十六世紀末には日本を経由して朝鮮半島に入った。

これらのことを考えると、世界中の人々は中南米の先住民に心から感謝しなければならない。それだけに、彼らを襲った悲劇はどんなに償っても償いきれないほど酷《むご》いものであった。

8.2　カカオが世界へ

カカオが先住民にとって貴重な飲料であり、貨幣の役割も果たしていたことを明確に理解した最初のスペイン人は、エルナン・コルテスといわれている。コルテスは、メキシコ原産のバニラもスペインに紹介した。

スペイン宮廷社会でカカオが広く飲まれるようになったのは、彼の死後、十六世紀の終わり頃で、ヨーロッパの宮廷に広まったのは十七世紀である。その理由は、大量の砂糖の生産が可能となり、ヨーロッパ人の好みに合うようにカカオが変容したからである。ここではカカオがどのようにメソアメリカから世界へ広まったかを簡単に振り返る（表8・1、図8・2）。

一五二五年に、スペイン人によってベネズエラの北東にあるトリニダード島でカカオ栽培が行われたのが、最初の「カカオの船出」である。同じくスペイン人によって南米のエクアドルやベネズエラ、さらにはインドネシアにカカオのプランテーションが広げられた。十七世紀に入ると、スペ

表 8.1　カカオ栽培の広がり

1525 年	最初のカカオプランテーション（トリニダード島）
1560	エクアドル、ベネズエラ、インドネシア
1634	キュラソー島
1660	マルティニーク島
1740	ブラジル
1830	西アフリカ地方

インの没落に合わせるように、オランダやフランスがカカオ栽培に参入した。一六三四年にオランダが、スペインからベネズエラの北にあるキュラソー島を奪い、一六六〇年にフランスがマルティニーク島へ入植して、それぞれカカオ栽培を行った。これらの島々は、今でもオランダとフランスの領土である。

さらにオランダは、インドネシアのジャワ島にカカオプランテーションを広げた。ブラジルには、十八世紀にフランス人により伝播した。そのブラジルから、ポルトガル人によってアフリカにカカオが渡ったのは十九世紀である。それ以後アフリカでも生産量が増加して、十九世紀中頃に世界のカカオの生産を取り仕切った国は、スペイン、オランダ、フランス、ポルトガルであった。アフリカの生産量はその後さらに増えて、現在、世界のカカオの七割前後がアフリカ産となっている。

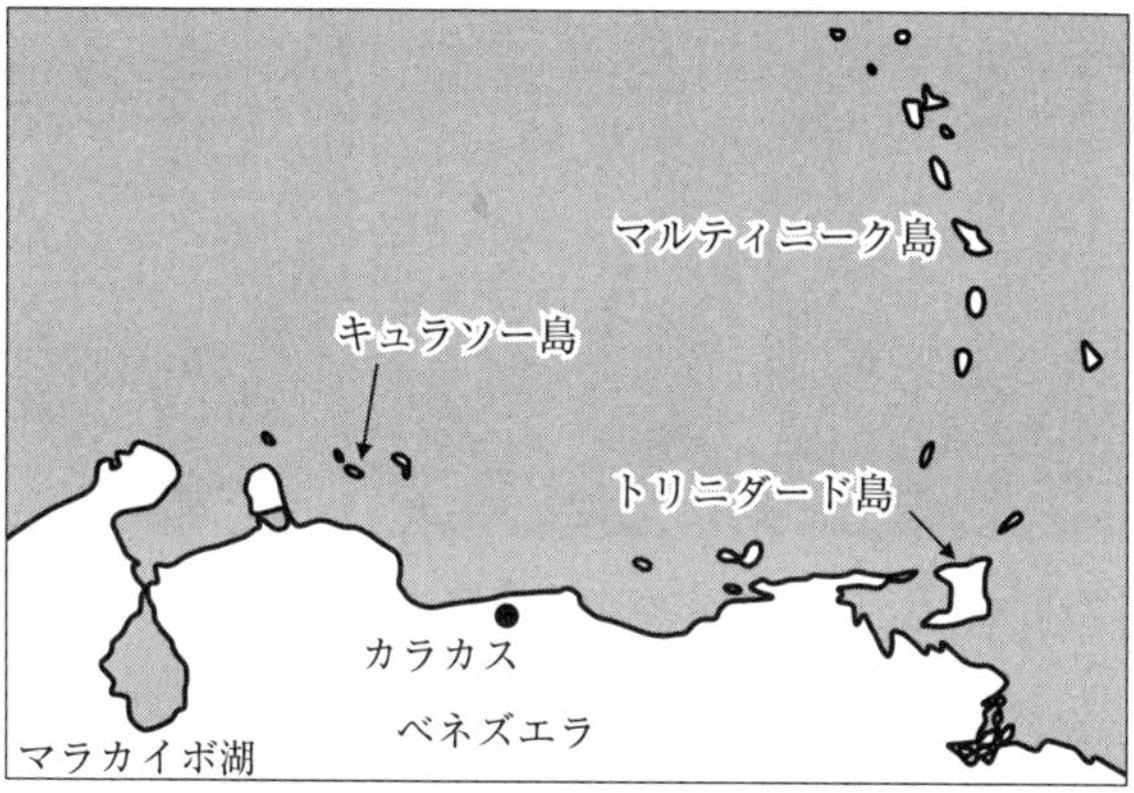

図 8.2　ベネズエラとカリブ海の島々

8.3　クリオロ・フォラステロ・トリニタリオ

カカオ豆の種類

十七〜十九世紀にカカオが世界中に広がったが、原産地のアマゾン・オリノコ川流域やメソアメリカで育っていたのと同じ種類のカカオが、世界のどの土地でも同じように育ったわけではない。なぜならば、カカオは病害に極めて弱く、その程度はカカオの木の種類や新しい土地の風土によって異なるからである。とくに、病害に弱いカカオの種は、メソアメリカ以外では十分に育たなかった。それは今でも変わらない。

カカオの木の分類は現在でも論争中であるが、代表的な三種類のカカオポッドを図8・3に示す。

フォラステロ種は、西アフリカや東南アジアなど世界で最も多く栽培されている品種である。ポッドの形は丸く、表面が滑らかである。生のカカオ豆の胚乳部はポリ

図 8.3　代表的なカカオの木の種類（左からフォラステロ、トリニタリオ、クリオロ）

フェノールによって紫色である（口絵写真5）。

トリニタリオ種はフォラステロ種とクリオロ種とのハイブリッド（交雑）と言われ、トリニダード島で生まれ、ベネズエラ、コロンビアなどの中南米や、アフリカの東にあるマダガスカルなどでも栽培されている。カカオポッドは概して大きく、生豆の胚乳部はポリフェノールにより紫色である。

そして、カカオの原種と言われるクリオロ種のカカオポッドの形は、表面にイボがあり溝が深い。またポリフェノール含量が少ないので、生のカカオ豆の胚乳部が白いことも特徴である（口絵写真5）。

これらカカオの三つの植物学的種の原産地は解明されていないが、アマゾン川とオリノコ川の源流域とされている（実は、二つの川はつながっている）。いつの時代かは不明であるが、このカカオがメソアメリカに持ち込まれて栽培されるようになった。最初に栽培された品種はクリオロと考えられ、スペイン人が最初にヨーロッパに持ち帰ったカカオも、クリオロと思われる。

十七世紀にヨーロッパでカカオ飲料が流行し、カカオ豆の需要が増大したことから、メキシコ以外でのカカオ増産が行われた。それらの国々に、現在のコロンビア、ベネズエラ、トリニダード・トバゴなどがある。カカオ農園が拡大し、アフリカから奴隷が導入されて、カカオ豆の生産は増大したが、しばらく経つと、ある農園のカカオの品質がメキシコ産よりも劣っていることが明らかとなった。フォラステロ種が混入していたのである。フォラステロ種がいつ頃から栽培されはじめたかもよくわかっていないが、おそらく十七世紀中頃にアマゾン川下流域で発見されたものが栽培されたと思われる。

一七二七年、トリニダード島でカカオに疫病が蔓延《まんえん》し、絶滅するという大事件が起こった（または、巨大なハリケーンによる被害ともいわれる）。その数年後に、この地のカカオ農園主たちはベネズエラ東部から移植したフォラステロ種の木で農園を再生させようと試みたが、この木と、わずかに残っていたクリオロ種とが交雑してトリニタリオ種が生まれたとされている。

ところで、カカオの品種について、正確に記述することは実は非常に困難である。それは、種々の交雑種同士がさらに交配し、極めて多様な遺伝的形質が生じているためである。この交配は自然に生じるものもあるが、生産性や病害耐性を高めるために人為的にも行われる。したがって、現在生育しているカカオを単純に「クリオロ」、あるいは「フォラステロ」などと分類することはできない。カカオの系統を詳しく知るためにはＤＮＡ解析による以外にないが、その研究はまだ始まったばかりである。

クリオロは病害に弱く生産性も低いことから、新規に開発された農園ではフォラステロが選ばれることが多かった。その結果、世界のカカオ豆の生産は九割以上がフォラステロ種で、クリオロ種のカカオ豆の生産はほぼ中南米に限られている。

ところが現在、そのクリオロ種が世界の注目を集めているのである。

クリオロを求めて再びメソアメリカへ

「クリオロ種」と「フォラステロ種」では、風味、すなわち苦味や渋味、香りが大きく異なる。その違いは、発酵して焙炒したそれぞれの豆をじっくりと味わえば誰でも識別できる。ある中学校で約四〇〇人の生徒に二種類の豆を食べ比べてもらったが、大部分の生徒が味の違いを区別できた。

フォラステロ種は苦味や渋味が強く、クリオロ種は苦味が抑えられ、ナッティーで深い香りが特徴である。フォラステロ種の豆は、ミルクチョコレートには相性が良い。一方、ミルクを配合しないスイートチョコレートでは良質のクリオロ種の豆が重要である。しかし、クリオロ種の豆だけで作られたチョコレートを味わうのは生産量が極めて少ないので難しく、クリオロ種の豆の味はほとんどの人々にとってはなじみがない。したがって、フォラステロ種の豆をかじると普通のチョコレートの味がするが、クリオロ種の豆は「これがチョコートになるの?」と意外に思う。

最近は、産地を限定したクリオロ種のチョコレートがブランドとなっている。たとえば、ベネズエラのマラカイボ湖北東の渓谷にあるチュワオ村のカカオ豆はクリオロの形質が強く、苦味を抑えた深い香りで世界中の人気を集めている。わざわざ「チュワオ産」と明記して販売する高級チョコレート店もある。チュワオ村のあるベネズエラの渓谷は、険しい山に隔てられ、他のカカオの種が自然交配しない環境にあるので、原種に近いクリオロ種の樹木が保存され、たまたま病害菌も侵入しなかったものと思われる。しかし、チュワオ産カカオ豆の生産量が年間で約二十トンと少ないため、一般に出回るほどのチョコレートは製造できない。現在、世界の高級チョコレートメーカーが争って、チュワオ産カカオ豆を入手しようとしている。

図 **8.4**　メキシコ・タバスコ地方のLa Joya農園のクララさんと筆者

それ以外では、メキシコ・タバスコ地方の農園La Joya（「Joya」はスペイン語で「宝石」）のように、クリオロ種のカカオの木だけを接木で増やして生産することも行われている。この農園主のクララ・エチェヴェリアさんの父親はスペインのバスク出身であるが、この地で偶然に、伝説ともいえる「白い豆のクリオロ種の木」を発見し、ワイン製造の知識を生かして、その木の接木だけからなる小さな農園を開いた。

クリオロ種は病害に弱いために、この農園では毎朝すべてのカカオポッドを点検して、罹病したポッドを一つ一つ手で取り除くなど、病害の克服に最大の注意を払っている。クララさんは、父の遺志を継いで農園を発展させ、「私たちの豆から作るチョコレートを、「チョコレートのカルティエ」にしたい」と言っている（図8・4）。

実際に、彼女のカカオ豆を使ったチョコレートは、高価なのに飛ぶように売れている。たとえば、スペイン王室御用達のチョコレートショップ「カカオサンパカ」（最近、東京や大阪にも店ができた）のバルセロナ本店（図8・5）では、チュワオ産のカカオ豆などに加えて、La Joya のカカオ豆と、メキシコ南部チャパス地方のソコヌスコの豆から作ったプレミアムチョコレートが売られている（図8・6）。

図 **8.5**　バルセロナのカカオサンパカ本店

ソコヌスコのカカオ豆は、アステカ帝国の国王に献上されたクリオロ種の「ロイヤル・ソコヌスコ種」（スペイン語ではレアルクリオロカカオという。レアルとは「王室のもの」の意）と呼ばれた伝説の豆で、十七世紀にはスペイン王室にも献上された。その後、カカオの消費が増えるにつれてカカオ豆の生産増が求められた結果、ソコヌスコ地方でも病気に弱いクリオロ種をやめて、トリニタリオ種やフォラステロ種に置き換えられた。そのために、「ロイヤル・ソコヌスコ」は絶滅したと思われていた。

しかし、今から六年前に、スペインのカタルニア地方の実業家たちの援助で、それを復活するプロジェクトが成功し、現在ではチャパス地方の多くのカカオ農家の協力を得て、収穫から発酵・乾燥・袋詰めまで、クリオロ種のカカオ豆の生産が管理されている。

バルセロナのカカオサンパカの店では、ロイヤル・ソコヌスコとLa Joyaの豆の風味などを図8・7のように比較している。これによれば、同じクリオロ種でも風味が大きく異なることになる。実際に、目隠しをして二つのチョコレートをじっくり味わうと、味の違いが区別できる。

図 8.6　「ロイヤル・ソコヌスコ」（左）とLa Joya農園（右）のカカオ豆のチョコレート（バルセロナのカカオサンパカ本店にて）

先住民の呪い（？）

長い歳月をかけて、カカオを「神の食べ物」に改良したモンゴロイド先住民が、ヨーロッパ人によって残虐に征服されたこれまでの歴史を振り返ると、その高貴な風味によって世界中が争奪戦を繰り広げているクリオロ系のカカオが中南米以外で育たないのは、「先住民の怨念のためではないか」と考えてみたくなる。先住民は滅ぼされたが、彼らの至宝である「クリオロ」は他の大陸には渡らなかったからである。これを見て、「クリオロは先住民の流した汗や、血、涙、骨がしみこんだメソアメリカの大地でこそ、その美しい花を咲かせるべきだ」という人もいる。

しかし、もちろんこれはサイエンスに反する。複雑な受粉機構、弱い病害耐性、カカオを育てるアグロフォレストリーの土壌や植生などのために、クリオロ種は原産地以外の育成環境に適応しにくいからだと思われる。実際に、カカオの花の受粉を研究したアレン・ヤング氏（第三章）は、カカオの原種であるクリオロ種の花の受粉の仕組みは、それ以外の栽培種とは異なるのではないかと言っている。

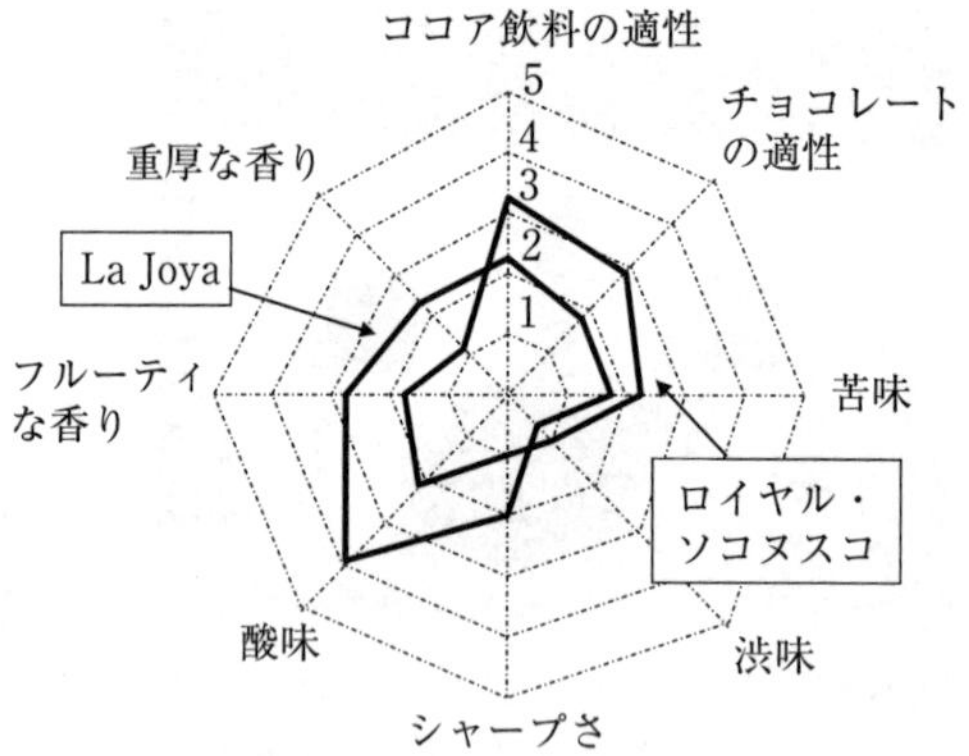

図 8.7　復活した「ロイヤル・ソコヌスコ」と La Joya 農園のカカオ豆の比較

ついに、カカオはメソアメリカを出た。次章では、ヨーロッパに行ったカカオが、砂糖などが加えられることによって、メソアメリカとはまったく異なるおいしい飲み物となって人々を魅了した様子を見てみよう。しかし、「食べるチョコレート」になるには、もう少し、年月を経なければならない。

（1）メキシコ征服、ベルナール・ディアス・デル・カスティーヨ著、三浦朱門訳、世界ノンフィクション全集八、筑摩書房（一九六八）
（2）インディアスの破壊についての簡潔な報告、ラス・カサス著、染田秀藤訳、岩波文庫（一九七六）
（3）オリーブの樹の陰に、堀田善衛、集英社文庫（一九八四）

第九章　カカオがヨーロッパで華麗に変身

十六世紀初めに、カカオがメソアメリカからヨーロッパに入った。日本では、織田信長が生まれたのが一五三四年で、この直前にカカオはまずスペインに入った。

口絵写真11は、スペイン、バルセロナのペドラルベス宮殿の中の陶器博物館に飾られている、タイル絵の一部である。「チョコレート・パーティー」と名づけられたこのタイル絵は、バルセロナの伯爵の注文で一七一〇年に作られた。左の絵では、男性の料理人たちがすりつぶしたカカオを熱しながら、細長い壷に上から棒を入れて回転させて泡立て、コップに流し込んで皿に載せて運んでいる。また右の絵では、女性たちが談笑しながらカカオを飲んでいる。

十七世紀以後は、スペイン以外の国でも爆発的にカカオ飲料が流行した。その理由は、一五八八年に無敵艦隊が敗北してからスペインの国力が衰退し、代わって登場したオランダ、フランスなどがスペインの植民地を奪って自国領とし、そこでカカオを生産して自国に輸入したからである。

ところが、十八世紀の終わり頃には、カカオとほぼ同時にヨーロッパに入ったコーヒーとお茶（紅茶）が広まって、カカオは急速に人々の食卓から消えていった。ここでは、そのへんの事情を振り返りたい。なお、ここでは文脈によって、カカオ、チョコレート、ショコラと使い分けるが、いずれも同じカカオ飲料のことである。

9.1　スペインにおけるカカオ

最初にカカオをスペインに持ち込んだのは、誰なのか。最も有力な説は、ヘルナン・コルテスである（図9・1）。彼は、亀の甲羅に金細工を施したコップに入れたカカオで、アステカ国王の歓迎を受けた。この国王は、蜂蜜で甘みをつけ、バニラ、シナモン、こしょう、クローヴ、アチョーテ（食紅）で香りと色をつけたカカオドリンク「ショコラトル」を、媚薬として一日に五十杯飲んでいたという。

図9.1　ヘルナン・コルテス
（Enciclopèdia Espasa（1934年）より）

スペインに入った直後のカカオは、人々が競って飲むような代物ではなかった。なぜなら、メソアメリカで普通に飲まれたカカオは、砂糖を入れずに香辛料を加えて猛烈に苦く、それが「新大陸の珍奇な飲み物」として紹介されたからである。しかし、スペインの人々が芳醇な香りのする甘い飲みものに変えてから、カカオはスペイン宮廷の人々を虜《とりこ》にした。それから約百年の間、カカオはスペインから門外不出とされた。もちろん、それをかいくぐって、カカオはイタリアやフランスに少しずつ広まっていったが、十七世紀にはスペイン王室の政略結婚を通じて、スペインからヨーロッパの王室に一気に広まった。しかし、その当時はカカオも砂糖もバニラも貴重品なので、庶民の口に入ることはなかった。それは、メソアメリカ時代と変わらない。

9.2 カカオの変身は修道院から

初めてヨーロッパでカカオが調理された場所は、アラゴン地方の町、サラゴサ（図9・2）の南にあるピエドラ修道院といわれている。ピエドラはカスティーリア語で「石」。この修道院は、大きな岩場に囲まれた地域に建っているが、ここの記録によれば、一五三四年に初めてここでカカオが調理された。

しかし、ピエドラ修道院以外にもカカオを調理した修道院がある。その一つが、バルセロナから車で一時間ほど西にあるカタルニアの町、タラゴナ郊外のポブレー修道院である（図9・3）。二つの修道院はいずれもシトー会派によって建造されたが、十二世紀初めにこの地からイスラム勢力を追い出し、一一三七年にカタルニアとアラゴンが連合王国を作った勢いで建立された。一一五一年にポブレー修道院、続いて一一九五年にピエドラ修道院が建てられた。ポブレー修道院はその古い

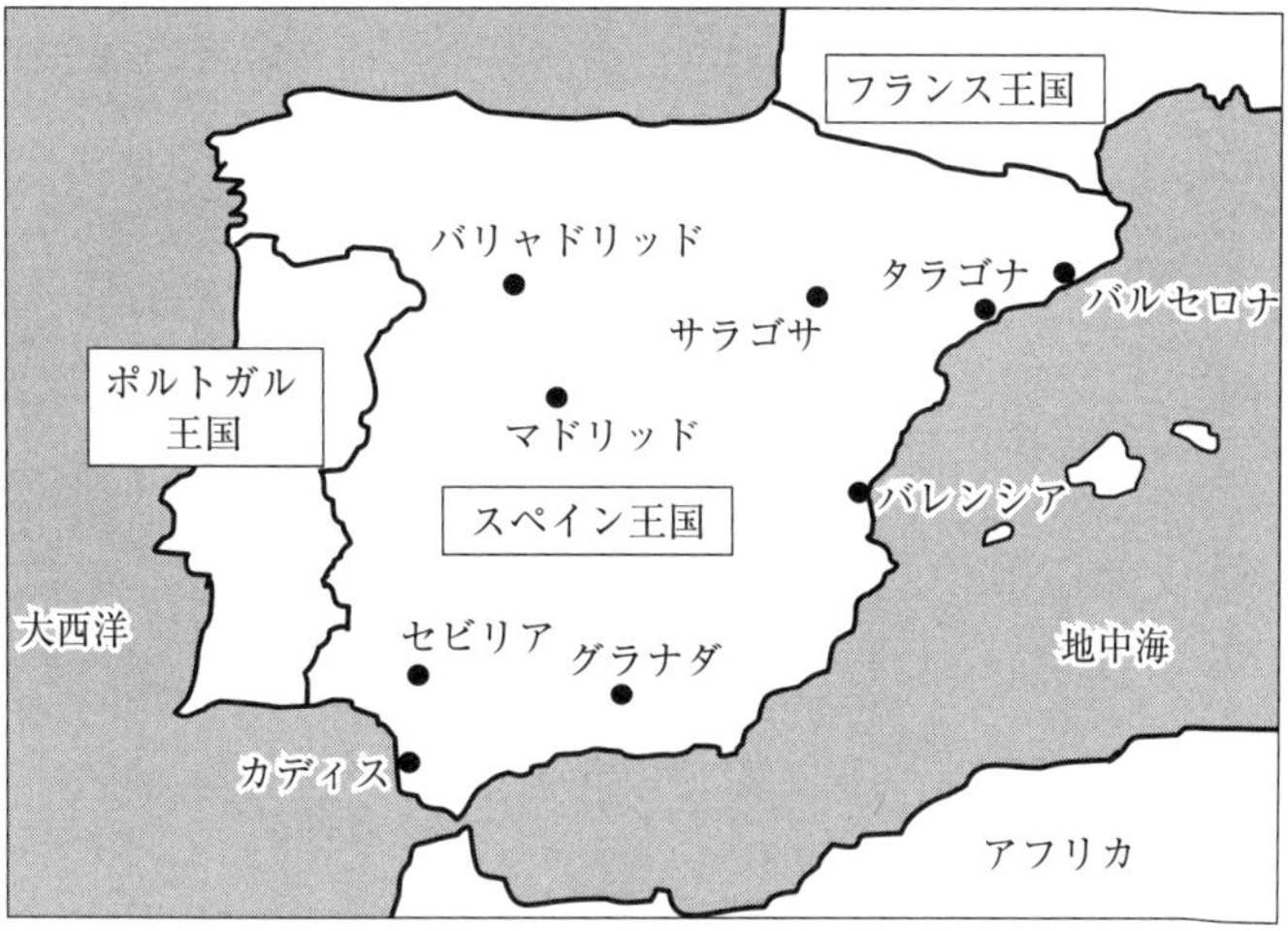

図 9.2　16 世紀のスペイン

歴史と規模の大きさによって、一九九一年に、スペインで唯一の「世界遺産の修道院」となっている。

中世の時代に、修道院の修道士たちはキリスト教の戒律を守り、その教義を深めながら経済的に自立した自給自足の生活をしていた。彼らは修道院の中で、バター、パン、チーズ、ワイン、蜂蜜などを作っていた。ポブレー修道院やピエドラ修道院では、それらに加えて、メソアメリカから持ち帰ったカカオを飲みやすくするための調理法を開発した。現在のピエドラ修道院では、チョコレート調理の記録がよく保存され、展示されている。

ポブレー修道院の「チョコレートの間」には、器に入れたカカオをささげ持つ修道士の絵がかかっている（図9・4）。水田英実広島大学名誉教授によれば、この絵の右上に書かれてい

図 9.3　ポブレー修道院

るラテン語は、『旧約聖書』の中の「出エジプト記」に出てくる一節で、直訳すると「壷を一つ取って、それにマンナを入れ、主のみまえに置いてあなたたちの子孫のために保存しなさい」となる。マンナは、『旧約聖書』に出てくる現存していない食べ物の名前である。

エジプトで奴隷となっていたイスラエルの民が、預言者モーゼに率いられて「乳と蜜の流れる国」である、現在のパレスチナにたどり着く前に、シナイ半島の荒野を四十年もの間放浪していた。その時に、人々が「食べ物がない」と騒ぐと奇跡が起こり、空からマシュマロのようなパンが降ってきて、飢えをしのぐことができた。それがマンナである。すなわちこの絵には、「カカオは神によってもたらされた食べ物」の意味がこめられている。

ここで問題となるのは、メソアメリカからどのルートを通ってカカオがアラゴンやカタルニアに持ち込まれたのか、ということである。スペインの通史では、メソアメリカからの通商ルートは、スペイン南西部のアンダルシア地方にあるカディス港と、そこから川を遡った町・セビリアを経由したとされている。しかし、それは後の時代のことであって、初めてアラゴンとカタルニアの修道院でカカオが調理された頃は、カカオ豆はカタルニアの港（バレンシアやバルセロナ）に荷揚げされて、それぞれの修道院に運ばれたと思われる。なぜならば、セビリアに新大陸との間の貿易事務所ができるのが一五四三年、記録に残るピエドラ修道院でのカカオ調理の開始が一五三四年である。さらに、ピエドラ修道院もポブレー修道院も地中海に面したバレンシアやバルセロナに近く、遠くのアンダルシア地方からはるばる陸路を運ぶよりも、スペインが制海権を持っていた地中海を通って、バレンシアやバルセロナに海路で運ぶほうがはるかに簡単である。

図 9.4　カカオの入った容器をささげ持つ修道士の絵（カタルニアのポブレー修道院の「チョコレートの間」にて）

9.3　カカオの華麗な変身を支えたバニラと砂糖

スペインの修道士たちによって、カカオはどのように変身したのであろうか。その主役は、バニラと砂糖である。そこで、バニラと砂糖がどのように製造されるのかを詳しく見てみよう。カカオ豆と同じように、バニラと砂糖の生産には大変過酷な労働を必要とする。

バニラ

バニラ（ヴァニラ）は、チョコレートにとってなくてはならない重要な原料である。蔓性《つる》のラン科植物であるバニラはメキシコ原産で、ヘルナン・コルテスによってヨーロッパに持ち込まれた。そもそもアステカ帝国の人々が飲んでいたチョコレートドリンクには、たっぷりとバニラが入っていたので、もともとチョコレートとバニラの関係は深かった。

バニラはアイスクリームやケーキ、クッキー、カスタードクリームなどの食品に限らず、タバコや香水にも使われる。したがって、バニラを知らない人はいないが、その栽培や加工方法はほとんど知られていない。

＊バニラの木

バニラの木には百種類以上があるとされるが、食用に用いられるのは数種類で、最も多く栽培されているのがブルボンバニラとも呼ばれる種である（図9・5）。蔓は樹木などにからんで生長し、葉は多肉質で、大きくなると茎の長さは十数メートル以上になる。

＊栽培と受粉

スペイン人によってバニラは世界に知られるようになり、メキシコ以外での生産が試みられたが、そこではバニラの実をつけることがなかった。その理由は、八センチほどの大きさのトランペット型の花（図9・6a）を受粉させるミツバチやハチドリが、移植先の地域にいなかったからである。そこでバニラの人工授粉が必要となったが、誰も成功しなかった。しかし一八四一年、偶然に、アフリカの東のインド洋、マダガスカル島に近い当時のフランス領ブルボン島（現在のレユニオン島）の十二歳の黒人奴隷の少年、アルビウスが授粉法を発見した。この発見によって、バニラがヨーロッパ人に見出されてから約三百年後に、やっとメキシコ以外でもバニラが生産できるようになった。

アルビウス少年が見つけた人工授粉の方法は、楊枝のような細い枝を用いて、一つ一つの花の奥にある雄蕊《おしべ》と雌蕊《めしべ》を接触させるもので、現在でもその方法で授粉されている。花は受粉しなければ一日で枯れてしまうので、作業者は毎朝、バニラ農園全体を見回って、開花した花を見つけては授粉作業をしなければならない。受粉を終えた花には、その印として花の近くの葉に、使用した楊枝を刺しておく（図9・6b）。

図9.5　ブルボンバニラとも呼ばれる *Vanilla Planifolia*

図 9.6　バニラの花、授粉、生長、熟成

＊バニラの実：莢《さや》の生長

受粉した花は、八～九カ月をかけて莢状の実を生長させる。実の長さは十～二十センチ、直径は一センチ半ほどになる（図9・6 c）。莢は収穫する段階では緑色で、これを集めて加工処理場へ持ち込むが、この時にはまだバニラの香りはまったくしない。

＊湯漬けと熟成（キュアリング）

集められたバニラの莢は、六十～七十℃の湯に二分間ほど浸漬する。これは実を殺して、細胞内で酵素の働きを活性化させるためである。湯から引き上げたバニラの莢はすぐに保温された箱に入れ、二昼夜熟成（キュアリング）させる。この間に酵素反応が進む。

＊乾燥と熟成

毎日二〜三時間の天日乾燥を二〜四週間続けて、さらに日陰での乾燥を四〜八週間行う。この間、バニラのサイズ（長さ）別に選別などの作業を行う。乾燥の終わったバニラはサイズ別に紐で束ねてパラフィン紙に包んで木箱に入れ、さらに数カ月熟成させてから出荷される（図9・6d）。

バニラの乾燥方法は、地域によって大きく異なる。たとえばインドネシアでは燻製（スモーク）にするが、それには当然、煙の臭いがついてくる。インドネシアは湿度が高いので、乾燥を速めるためにこのような処理をすると思われる。これは、カカオの人工乾燥と同じ状況である。

なお、カカオ豆では発酵・乾燥の後で焙炒することで香り成分が生まれるが、バニラは焙炒する必要はない。

＊バニラの香気成分

バニラ香料の主成分はバニリンで、図9・6dに白いバニリンの結晶が析出しているのが見える。一八七四年にバニリンの人工的な合成が成功し、それ以来、合成バニリンが多く使われるようになっている。しかし、上に述べた方法で作られる天然バニラには、バニリン以外の微量成分が含まれており、合成バニリンだけでは表現できない香りが生まれる。天然バニラには、バニリン以外に九百種以上の成分が含まれるともいわれている。したがって、自然のままの深いバニラの香りを作るためには、天然バニラを用いることが不可欠である。

＊バニラの生産地

これまで見たように、バニラの生産には開花から出荷まで十二〜十四カ月を要し、その間に多くの人手が必要とされる典型的な労働集約型産業である。このようにして生産されるバニラの生産量は、世界で毎年約二千トンである。最大の生産地はアフリカの東にあるマダガスカル（千四百トン）で、次いでインドネシア（二百五十トン）、インド、パプアニューギニア、ウガンダ、コモロなどである。

現在、世界的にバニラの需要が増えているので、バニラの生産地は広がっている。そのためにバニラの供給量が増えて、品質が安定すると期待されている。とりわけ重要なことは、ヨーロッパでは二〇一〇年から合成バニラを使用した場合には、パッケージに「合成香料」などの表示が必要となった。そのために、天然バニラへ切り替える動きがあるので、バニラの生産はさらに増加すると思われる。

しかし、天然バニラの生産には、カビの蔓延《まんえん》、天候不順の影響など、さまざまな問題がある。

砂　糖

砂糖は、現在最も代表的な甘味料で、結晶粉末として売られている。しかし、このような形で砂糖が人々の手に入るようになったのは産業革命後からで、それ以前にサトウキビから採った砂糖が広まったのは大航海時代からである。現在、世界の生産量の約六五％がサトウキビからの砂糖である。残りはテンサイ（別名、サトウダイコン）から作られる（図9・7）。しかし、古くからテンサイは食用の葉として栽培されていただけで、砂糖用に栽培されはじめたのは、一七四五年にドイツの化学者がテンサイから砂糖を分離することに成功してからである。したがって、カカオが甘い飲み物として広まった一六〜十八世紀で使われていた砂糖は、サトウキビから作られていた。

サトウキビからの砂糖が生まれる前に、料理や飲み物に甘味をつけたのは、蜂蜜や甘い果物などの果汁を煮詰めた糖蜜である。しかし、糖蜜や蜂蜜は極めて希少価値が高く、普通の人々には手が届かない。したがって、サトウキビから採れる砂糖が世界に広まったことの意味は非常に大きい。

サトウキビはニューギニア原産で、インドを経てアラビア人の手によってヨーロッパに持ち込まれたことはすでに述べた（第七章）。新大陸が「発見」されるとすぐにサトウキビが中南米に持ち込まれて栽培が始まり、大量の砂糖がヨーロッパに入って料理や菓子に使われるようになると、人々はたちまち砂糖の虜《とりこ》になった。

しかし、サトウキビの生産と砂糖の採取には、過酷な労働が伴う。サトウキビの刈り取りは、茎の中に糖分の濃度が最も高くなる時期にいっせいに行う。サトウキビの葉の先端は鋭く尖っていて、下手をすると肌を傷つける。それにもかかわらず、収穫する時は背丈以上のサトウキビの群に、たいした装備もなくシャツ一枚で入って茎を刈り取る。刈り取った後は、発酵を防ぐために、速やかに硬い茎から強力な力でジュースを搾り取り、それを大きな釜で煮て水分を蒸発させて、砂

図9.7　サトウキビ（左）とサトウダイコン（右）

糖の結晶を析出させる。

したがって、畑で育てるサトウキビへの水遣りから収穫、ジュースの採取と煮沸による砂糖の生産までには、大量の人手を必要とする。また、白砂糖を精製する技術にも工夫が必要であった。サトウキビの栽培から白砂糖の精製までの技術はアラブ人によって開発され、ヨーロッパに伝えられた。

現在の日本では、サトウキビは鹿児島県の島しょ部や沖縄諸島でしか栽培されていないが、戦後間もない時代には本州でも盛んに栽培された。農家の子供たちは、畑で取れるサトウキビの茎をかじって甘味を楽しみ、村人が総出で作った精製されていない黒っぽい砂糖の塊は、貴重なお菓子であった。

カリブ海における最初のサトウキビのプランテーションでは、当初、労働力として原住民を使った。しかし、酷使と天然痘によって原住民が激減すると、その代役として、アフリカから大量の黒人奴隷たちを買い入れた。その黒人たちが、現在のカリブ海の国々の母体となった。かくして、アフリカから黒人奴隷が中南米に送り込まれ、中南米から砂糖や天然資源がヨーロッパに送られ、ヨーロッパからアフリカには工業製品が送り込まれるという「三角貿易」が成立した。それによって莫大な財を成した人々が、ヨーロッパの新興貴族としてのし上がることになるのである。

9.4 欧州の宮廷へ

当初はスペインに封じ込められていたカカオであるが、修道士などを通じて他の国にも漏れ伝わった。しかし、十七世紀にはヨーロッパ国家間の争いを有利にする最良の常套手段である「政略結婚」によって、スペイン王室からフランス王室へ堂々とカカオが広まって行った（図9・8）。その先駆けが、一六一五年のスペイン・ハプスブルグ家の皇女アンナとフランス・ブルボン家のルイ十三世との結婚である。続いて、一六六〇年にアンナの姪のマリア・テレーザがルイ十四世に輿入《こしい》れする。

ブルボン家に輿入れしたアンナもマリアも大のカカオ好きで、多くの菓子職人をルーブル宮殿や、一六八二年に建てられたベルサイユ宮殿に連れて行った。そのために、フランスの宮廷にバニラと砂糖がたっぷり入ったカカオ飲料が広まった。こうなれば、フランスを中心にヨーロッパ各国の宮廷や上流社会にカカオが広まるのは時間の問題であった。

スウェーデンの植物学者のリンネは貴族であるが、彼がカカオの木に「テオブロマ（神の食べ物）」という学名を与えた理由は、彼自身が好んだカカオに自らが命名したという説と、十七世紀

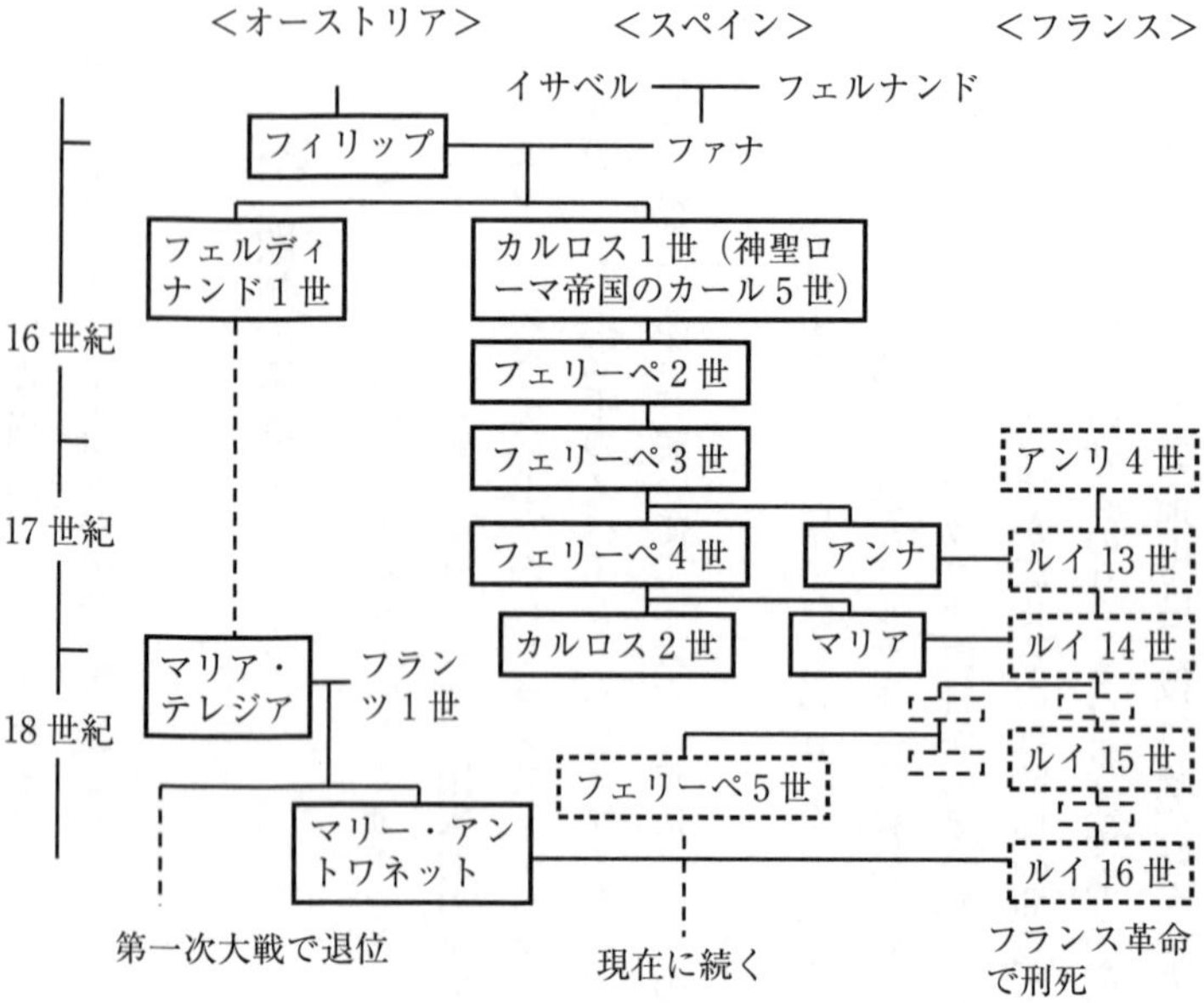

図 9.8 オーストリア、フランス、スペインにおけるハプスブルグ家（実線の枠）とブルボン家（点線の枠）の系図（関係者のみ記す）

末にフランスの医者が、「ネクター（ギリシア神話の酒）よりもアンブロアジー（オリュンポスの不死の薬）よりも、チョコレートこそが神の食べ物である」と書いたことを知ったため、という説とがある。

9.5 カカオのライバル登場

十八世紀頃になると、カカオは一般市民にも広がるが、その頃にはカカオの「ライバル」としてコーヒーとお茶（紅茶）もヨーロッパに広がった。時代が進むにつれて、カカオがコーヒーやお茶に嗜好品の主役を奪われるようになる。

その第一の理由は、カカオのほうが注文してから飲めるまでに時間がかかるからである。お茶やコーヒーは、すでに焙煎してある茶葉や豆に熱湯を注いでそれを濾《こ》し、ミルクや砂糖を入れるだけなので、注文して十分くらいで飲める。これに対してカカオの場合は、焙炒した豆を磨砕することから始めれば、注文して飲めるまで三十分は必要である。お湯を入れるだけで飲めるように、あらかじめ固めてストックすることもできるが、そのための準備も大変である。時間があり余り、調理する召使いを抱えることのできる貴族層の場合はともかく、一般市民の間では、この時間と労力の差は大きい。

第二の理由は、カカオのイメージが次第に悪くなったことである。これには、皮肉にも前章で説明したラス・カサスの著作が影響している。この本でラス・カサスは、中南米でのスペイン同胞の蛮行をいさめるように国王カルロス一世に進言した。しかし、いったん著作が出版されると、スペインの支配した地域を奪いたい他の国によって、この本はスペインの「非人間的な悪行」の喧伝に利用された。そのあおりを食って、カカオに対して、「蛮行スペインのもたらした飲み物」というマイナスのイメージが重なり、人々をカカオから遠ざける要因の一つとなったのである。

かくして市民レベルでは「飲みにくいカカオ」は敬遠され、十九世紀初期にはほとんどコーヒーとお茶に主役を奪われる事態となり、深刻な「カカオ衰退」の時代を迎えることとなった。そこでカカオに求められたのは、コーヒーやお茶のように、保存や運搬しやすくコンパクトにまとめ、お湯を注ぐだけで飲める「カカオ粉末」を作ることであった。しかし、すりつぶしたカカオはヨーロッパでは気温が低いのですぐに固まってしまう。また温めたとしても、融けたココアバターは油なので粘り気が強く、水分のように蒸発しないので、その中から細かいカカオ粉末だけを取り出すのは、至難の技と思われた。

それを成し遂げたのが、オランダのファン・ハウトゥン（一般にはヴァン・ホウテンと呼ばれるが、ここではオランダ読みとする）で、時は一八二八年。その直後に、「食べるチョコレート」も発明された。次章では、カカオがヨーロッパに入って三百年後に生まれた二つの大きな発明を考えたい。

第十章 「飲むココア」と「食べるチョコレート」の誕生

コーヒーとお茶に押されて、一般市民の間からは消えつつあったココア飲料が、ファン・ハウトゥン親子の発明によってよみがえった。彼らは、カカオ豆を焙炒し、細かく磨砕して溶かしたカカオ液（カカオマスという）の中から、ココアパウダーを取り出すことに成功し（図10・1）、アルカリ化反応によって、ミルクや水に溶けやすく、消化しやすいココアパウダーを作り出したのである。この発明があって初めて、まもなく「食べるチョコレート」がイギリスでできた。

本章は「チョコレートの父」であるファン・ハウトゥン親子に光を当てよう。

10.1 「チョコレートの父」の国

なぜ「カカオ豆を生産しない」ヨーロッパの小国、オランダに「チョコレートの父」が生まれたのであろうか。カカオ豆の生産地の熱帯ではココアバターが固まらないので、温帯でなければ「食べるチョコレート」が生まれないことは、すでに説明した。しかし、「食べるチョコレート」の前

図 10.1　ココアパウダー（左）とココアバター（右）

に「飲むココア」ができなければならず、そのためにはカカオマスからココアバターを搾り出すことが不可欠である。

熱帯のカカオ豆の生産地でも、融けたカカオマスからココアバターは絞れるが、十九世紀の熱帯地方にはそのための技術力と経済力がなかった。したがって、当時のカカオ貿易の中心であるヨーロッパで、カカオ豆を利用する技術革新が行われたのである。それが、オランダであった。

10.2　オランダとカカオ貿易

日本の九州より小さい国オランダは、一五八一年の独立宣言の前後から大航海時代の一翼を担い、十七〜十八世紀には世界に飛躍した（図10・2）。一五九八年に日本に漂着したオランダ船「リーフデ（慈愛）」号乗組員のヤン・ヨーステン・ファン・ローデンスタインは江戸幕府の通商顧問となり、徳川家康から今の東京駅の近くに屋敷を与えられた。東京駅の「八重洲口」の由来は、ヤン・ヨーステンの日本名「耶楊子《やようす》」に由来することはよく知られている。オランダは江戸時代に欧州との窓口となる唯一の貿易国となったが、それにはヤン・ヨーステンの功績が大きいといわれる。

独立宣言をしてから二十年も経っていないのに、オランダは十七世紀に入って「世界帝国スペイン」やポルトガルの広大な植民地に食い込んで、そこに覇権を打ち立てていった。その舞台は、カリブ海、南アフリカ、インドや東南アジア、そして中国である。

オランダの経済的発展の中心が、アムステルダムである。十七世紀の初めに、この町はすでにヨーロッパ第一の経済都市になっていた。アムステルダムには、外洋との海上輸送と、すぐ近くで大西洋に流れ込むヨーロッパの大河、ライン川を利用した河川輸送を結ぶという地の利が働いた。アムステルダムに荷揚げされたカカオ豆は、運河で運ばれて風車によって磨砕された。オランダ名物の風車は、大西洋からの強風を利用する独特のエネルギー利用技術であるが、蒸気機関が生まれるまでは、馬力、水車とならんで風車が最も強力な力を生み出した。

図 10.2 オランダの帆船（日蘭交流 400 年記念学術交流シンポジウムの記念品のプレート）

かつてオランダでは、風車でありとあらゆるものが粉にされ、圧搾されていた。図10・3はサーン風車公園の風車群で、一番右の風車は、「この風車の粉で作った絵の具でないとだめだ」という画家たちの注文を受けて、今でも現役で顔料を挽いている。サーン博物館には、風車で挽かれた多くの材料が展示されていたが、カカオ豆もその中にあった。

図 10.3　オランダの風車（上）とサーン（Zaan）博物館に展示されていたカカオ豆（下）

オランダは現在でもカカオ豆の輸入では世界一で、アムステルダム港のカカオ豆の荷揚げ量も世界一である。ファン・ハウトゥンがココアパウダーの発明を生むのには、そのような土壌があったのである。

10.3　ファン・ハウトゥンの発明

クーンラート・ファン・ハウトゥンは、一八〇一年にアムステルダムに生まれた。彼の父（カスパルス・ファン・ハウトゥン）が一八一五年にアムステルダムに小さなチョコレート工場を作り、人力でカカオ豆を磨砕しながら、ココア飲料やチョコレートクッキーを作っていた。しかし当時は油脂分が多く、現在から見れば酸性が強くて、水やミルクにも混ざりにくく、消化も悪かった。

ところが、一八二八年にファン・ハウトゥン親子により二つの発明が成功すると、作りやすく、飲みやすく、また消化のよいココア飲料ができあがり、ヨーロッパ中にファン・ハウトゥンのココア飲料が販売された。おかげでファン・ハウトゥン社の工場のあったウェースプの町は大いに賑わって、十九世紀後半にその人口は二倍となった。一九二八年にはココア飲料発売百周年を迎えたが、図10・4はその時の記念の皿で、ファン・ハウトゥン社のマークとウェースプの市章が刷り込まれている。しかし、その後のファン・ハウトゥン社の事業は芳しくなく、一九六二年に他の会社に買収されて、ウェースプの工場も一九七一年に閉鎖された。

ココアパウダーの製造

最初に父親のカスパルスは、磨砕して溶かしたカカオマスからココアバターを搾り出し、全体の五五％を占めるココアバターの一部を分離する技術（脱脂技術）を発明した。その当時は、ドロドロに溶けた粘っこいカカオマスの中から、現在売られているココア飲料のもととなっている、細かい粒でできたココアパウダーを取り出せるとは、誰も思っていなかった。しかしファン・ハウトゥンは、溶けたカカオマスに圧力を加え、それを布で濾《こ》して、ココアバターの量を半分以下に減らして、ココアパウダーを取り出すことに成功した。

図10.4　1928年に製作された100周年記念の皿（ウェースプ博物館）

問題はどうやって圧力をかけたか、である。馬を使うか、風車を使うか、それとも、産業革命の推進力としてイギリスで実用化が始まったばかりの蒸気エンジンを使うか。——実は、人力が使われていたのである（図10・5）。

図 10.5　ココアパウダーを絞っている図（ウェースプ博物館）

図では、十六人の人間が真ん中の太い棒に取り付けた四本（両側を入れれば八本）の鉄の棒につかまって圧力を加えている。一人ひとりが手前の棒を押すだけでなく、肩の紐で後ろの棒も引っ張っている。この部屋の下の階に、真ん中の棒に集中された圧力で、カカオマスからココアバターを搾り出す装置がある。

ウェースプ博物館の係員の説明では、ファン・ハウトゥンは最初のアムステルダムの工場では人力を使い、それに成功してライデンに開いた工場では風車の力を借り、一八五〇年に本格的な生産をウェースプで始めたときに蒸気エンジンを使った。

人力でココアパウダーを搾り出す作業は、重労働であったに違いない。搾り出すケーキ（固いかたまり）、すなわちカカオマスに含まれるココアバターの量を減らすほど、外からかける圧力を増やす必要がある。現代の方法では、最初に含まれるココアバター含量五五％のカカオマスを搾油して、ココアバター含量一二％のココアパウダーを製造するために必要な圧力は、一平方センチメートル当たり約一トンである。ファン・ハウトゥンが発明した、当時のココアパウダー中のココアバター含量がどの程度であったかは不明であるが、このような強大な力が得られなければ、得られたココアパウダー中のココアバター含量は、二五〜三〇％ほどであったと思われる。

アルカリ化

現在のココアパウダー製造技術で「ダッチ・プロセス」と呼ばれているアルカリ化は、息子のクーンラートの発明である。これには三つの重要な役割がある。

第一は、「中和」である。「中和」とは、酸性物質とアルカリ性物質を混合して反応させ、それぞれの性質を打ち消す反応である。カカオマスは、発酵したカカオ豆を原料として作られるが、第四章で詳しく説明したように、発酵によって酢酸や乳酸が生じる。これがカカオマスの酸味の原因である。酸味を抑制するためにはアルカリ剤で中和すればよいので、アルカリ化が試みられたものと思われる。

第二の役割は、色調の変化である。現在のココア産業では、ココアパウダーの「色調」が品質上の重要な項目となっている。ココアの色調も、アルカリ化による恩恵である。

第三の役割は、ココアパウダーを水やミルクへ分散しやすくすることである。しかし、この理由はまだはっきり理解されていない。アルカリ処理によって、カカオマスの中の水に溶けない食物繊維が減り、水に溶けるタンパク質が増えるが、その差はわずかである。これに加えて、アルカリ化によってカカオマス粒子の構造変化が予想されるが、まだはっきりとした確証は見つかっていない。

いずれにせよ、ファン・ハウトゥンの脱脂操作とアルカリ化の発見により、調製が簡単で酸味が少なく、飲みやすいココア飲料が開発されたことは画期的であった。現代のココアパウダーの製造では、発酵・乾燥を終えたカカオニブを加熱しながらアルカリ液を作用させる。このとき、通常は炭酸カリウム水溶液をニブに振りかけて十分に攪拌しながら加熱し、数十分反応させてから焙炒する。焙炒の温度は一二〇～一四〇℃で、焙炒時間は数十分である。カカオニブは粉砕する前の粒子の状態なので、その組織の中にアルカリ水溶液がしみこんで反応が起きる。

10.4　ウェースプ博物館

日本ではファン・ハウトゥン（バン・ホウテン）は大変有名であるが、驚くべきことに、現在のオランダで彼らの名を知っている人はほとんどいない。その理由は、半世紀近く前に、ファン・ハウトゥンの会社が消滅したからである。チョコレートの父が母国で忘れられているのは、大変に残念である。そこで、ファン・ハウトゥン親子を語る最後に、彼らの業績を展示しているウェースプ博物館について触れたい。

ファン・ハウトゥン親子が活躍したウェースプは、アムステルダムから電車で十五分の所にある小さな町である。ウェースプ駅から、跳ね橋のある運河沿いの美しい街を十分ほど歩くと、小さなウェースプ市役所がある（図10・6）。その建物の三階にウェースプ博物館があり、その一角がファン・ハウトゥンの展示室となっている。

図 10.6　ウェースプ市役所

そこには興味深い展示がある（図10・7）。中でも、モーターからベルトで回転運動が伝えられて、チョコレート工場の全体が動くミニ工場モデルは、スイッチを入れるとカカオ豆の磨砕、コンチング、リファイナーなどの機械が一斉に動いて、見ていて楽しいし、十九世紀のチョコレート工場でチョコレートができる工程が、大変よく理解できる。当時は蒸気エンジンからの動力が一カ所だけにあり、その力を工場内のさまざまな機械に分配するために、「主駆動シャフト」を介して、そこから革ベルトで機械に動力を伝えていた。革ベルトは、切れたり伸びたりしてメンテナンスが必要なため、工場には「馬具職人」が常駐していた。

また、十九世紀ウェースプのファン・ハウトゥンの工場を描いたタイル絵は、当時の盛況を物語っている。さ

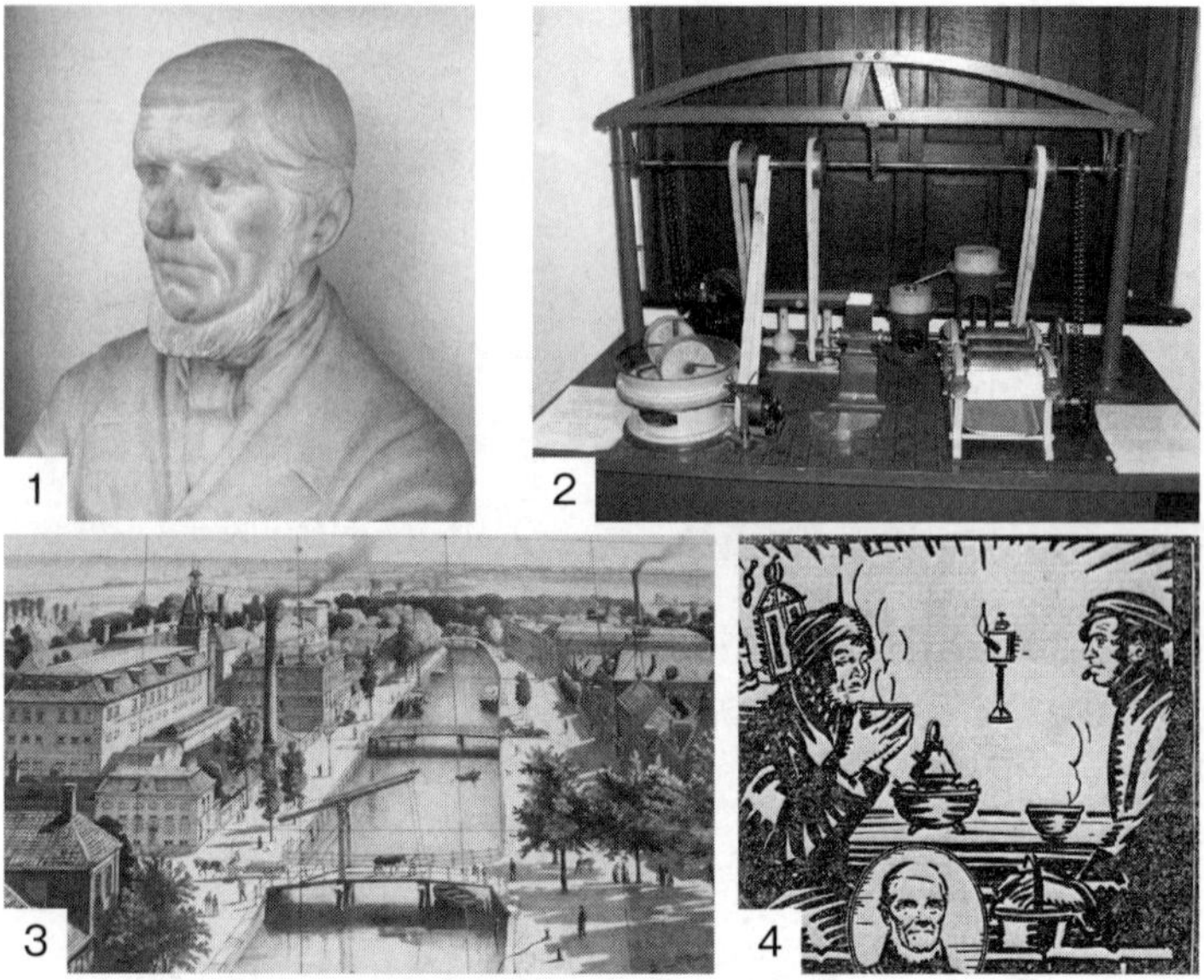

図 10.7　ウェースプ博物館の展示品　(1) クーンラート・ファン・ハウトゥンの胸像　(2) チョコレート工場の模型　(3) ウェースプの町と工場のタイル絵　(4) カカオを飲む夜警（版画）

らに、温かいカカオを飲む夜警の版画も面白い。係員によると、当時のアムステルダムで働いていた数百人の夜警は、ファン・ハウトゥンのカカオを飲んで夜の巡視の勤めについたという。この版画は、アムステルダム国立美術館の入り口で参観者を迎えるレンブラントの代表作、「夜警」（一六四二年）を想起させる。十九世紀アムステルダムの夜警の人々が、オランダの寒い冬、深夜の巡視の前にカカオを飲んだというのは、とても親近感がわく。

10.5 ついにできた「食べるチョコレート」

ファン・ハウトゥンたちによって、カカオマスを搾りココアパウダーを製造することが可能となったが、そこで余ったココアバターを生かす工夫が行われた。あるとき、イギリスの菓子職人（ジョン・フライ）が、砂糖とカカオニブを混ぜて磨砕したものにココアバターを添加し、融かして冷やすことで「食べるチョコレート」ができることを発見した。

ココアバターは、約三三℃で融けて二五〜二七℃で固まるので、当時のヨーロッパでは、南部を除いて一年中ココアバターを固めることができた。この性質を利用しない手はない。それ以前にも、磨砕して融かしたカカオマスに砂糖などを入れてそのまま固めたチョコレートが作られていたが、新しい方法は、ココアバターにカカオマスや砂糖を入れて固めたところがオリジナルである。

それでも、「食べるチョコレート」の作り方は簡単ではなかった。単純に砂糖とカカオニブを粉砕して混ぜただけでは、ココアバターの量が十分ではない。なぜなら、五五％のココアバターを含有するカカオマスと砂糖を五〇％―五〇％で混合したとすると、油脂分は二七％であり、そのままで融かしても流動性を示さず、固くて壊れやすい塊となるだけである。板チョコレートを作るために型に流し込むことはできないし、口どけも悪い。

しかし、そこにココアバターを添加すれば、すべての固体粒子が油脂で覆われて流れやすくなるので、型に流し込んで成型が可能となり、口の中でも滑らかに融けるようになる。たとえば、カカオマス三五%、砂糖四五%、ココアバター二〇%とすれば、油脂分は三七%となる。これが、現在我々が知っている板チョコレートの原型である。

このように、「食べるチョコレート」は、ファン・ハウトゥンが確立したココアパウダー製造技術があって初めて実現したのである。一八四七年に「食べる板チョコレート」を製造する初めての会社が、ジョン・フライによって英国南部の町、ブリストルに開設された。ファン・ハウトゥン社とは異なって、フライ社は最初から蒸気エンジンを工場の動力として使用した。フライ社はしばらくしてキャドバリー社に買収されるが、キャドバリー社は今でもイギリスで最大規模のチョコレート会社である。

「中南米の動物がカカオポッドの中のカカオパルプを食べ、そこへ到達した人類がカカオ酒造りを経てカカオ飲料を作り、それがメソアメリカからスペイン、そして世界へ広がる」という長い長い旅を終えて、ついに十九世紀初めになって「飲むココア」と「食べるチョコレート」ができた。その流れをまとめると、図10・8のようになる。カカオの小さな花が受粉してカカオポッドに育ち、その中のカカオパルプを動物や人類が食べていた時代を抜け出して、人類がカカオ豆の発酵と焙炒を知ってから数千年の旅であった。

しかし、そこでチョコレートのおいしさを求めるサイエンス・ロマンの旅が終わったわけではない。それは、現代のチョコレートの構造を見るとよくわかる。フライ社の作った世界最初のチョコレートは現存していないので即断はできないが、当時と現代では間違いなく異なっている点がある。

とくに重要なことは、ミルクチョコレートを作るための技術である。十九世紀前半には、ミルクチョコレートは絶対にできなかった。ミルクパウダー（粉末ミルク）がなかったからである。「液体状のミルクを、融けたカカオマスに混ぜればよいではないか」と思う人がいるかもしれないが、それでできるのはパリッと割れる板チョコではなく、柔らかい「生チョコ（ガナッシュ）」である。しかも、その作り方は極めて難しい。

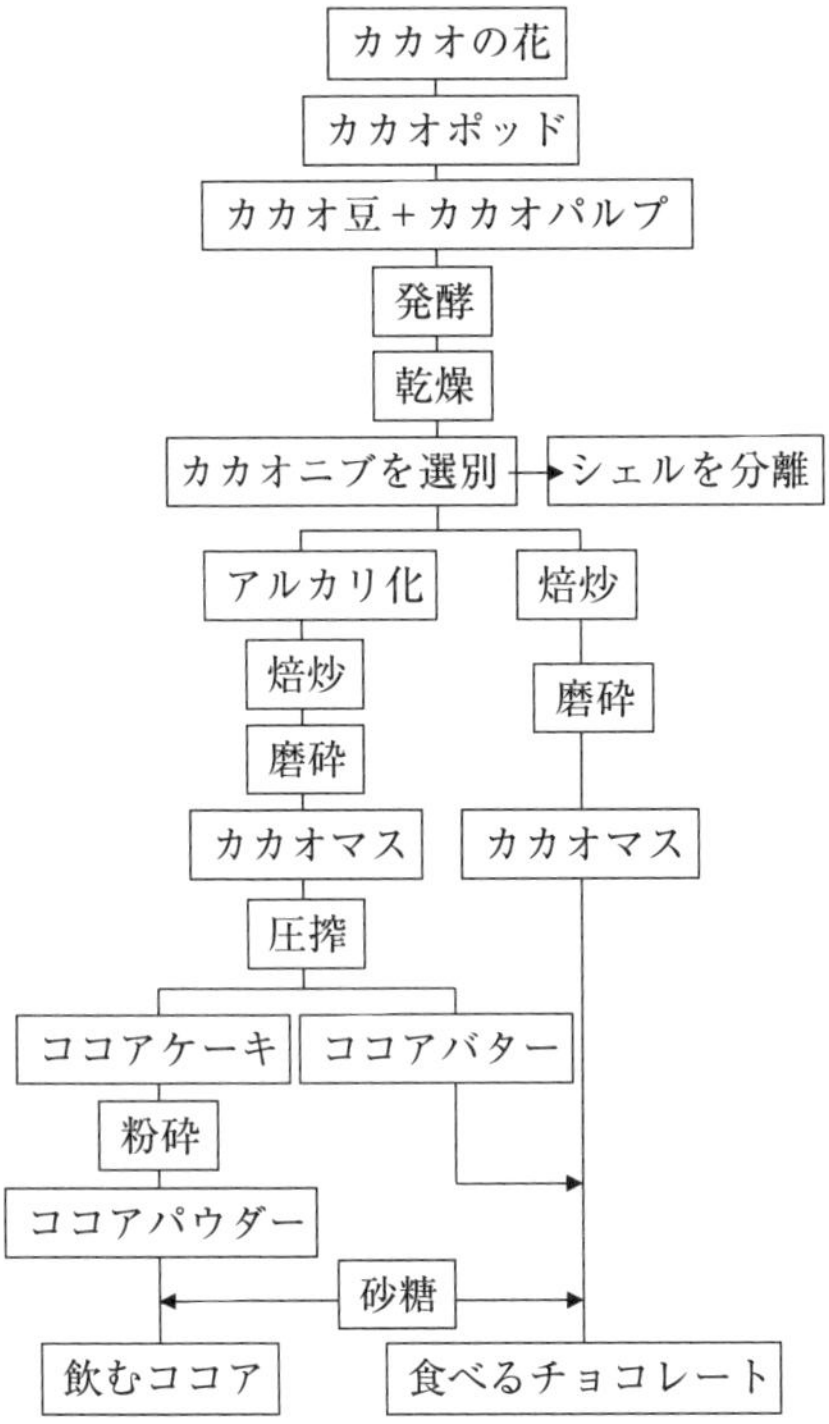

図 10.8　「飲むココア」と「食べるチョコレート」

十九世紀に生まれた時のチョコレートは、ミルクの入らないスイートチョコであった。しかも粒子が粗くてざらついて、まろやかな口どけ感はなかったに違いない。

では、いつ、どこで、ミルクチョコレー

トが作られ、それがまろやかな味になったのであろうか。それは、フライ社の板チョコの発売から二十九年後にミルクチョコレートを発明し、三十二年後にコンチングを発明した国、スイスであった。

第十一章　現代のチョコレートの完成

白銀に輝くアルプスの山々、麓に広がる緑の牧場と深い森、青緑色の水があふれる大小の湖、雄大な自然に抱かれて育つ少女ハイジの物語、山々にこだまするアルプスホルンの響き、チーズフォンデュやラクレットなどのチーズ料理、これらのすべてが世界中の旅行客を魅きつけている国、スイス。十九世紀半ばにイギリスで生まれた「食べるチョコレート」が、この国でさらに進化した。

11.1　スイスとチョコレート

スイスはヨーロッパの真ん中に位置する小国で、周りをフランス、ドイツ、オーストリア、イタリアに囲まれている（図11・1）。四つの言語（ドイツ語、フランス語、イタリア語、ロマンシュ語）が公用語で、ベルンを首都として二十六の州（カントン）からなる多様な連邦国家である。それぞれの州、および国としての独立性が強く、EUには現在でも加盟していない。国連への加盟は二〇〇二年になって国民投票で承認されたが、賛否の差はわずかであった。この国の、「一人はす

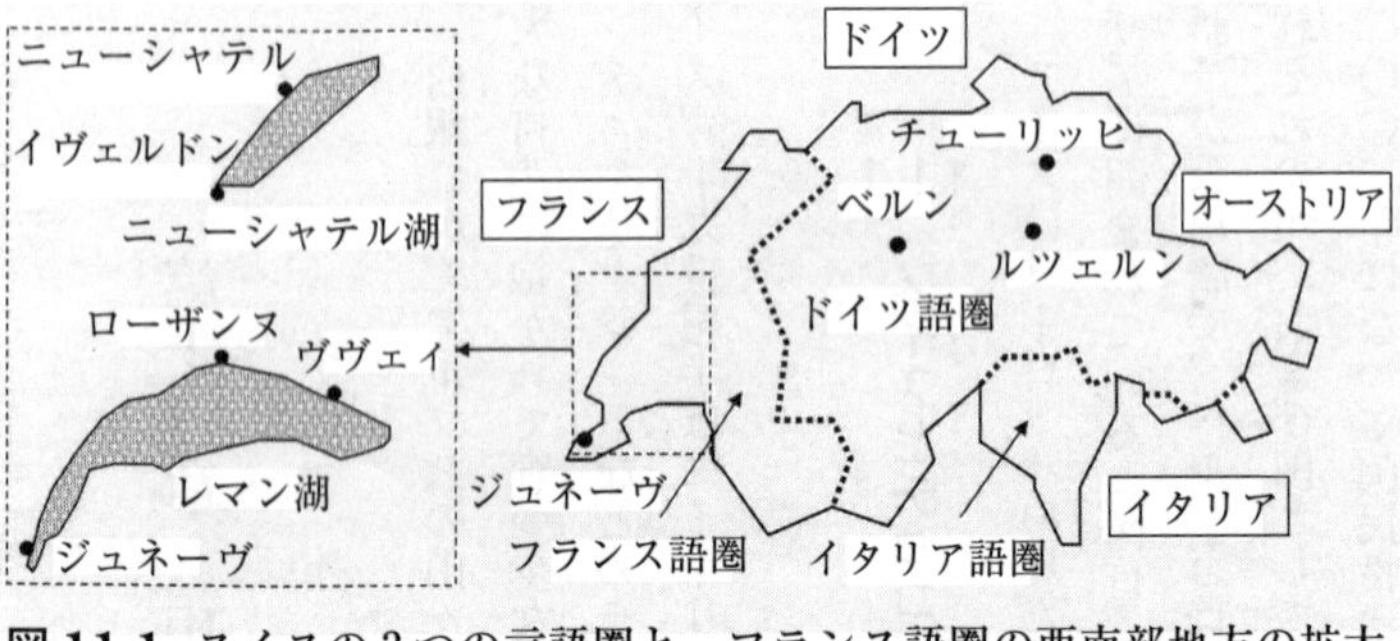

図11.1 スイスの3つの言語圏と、フランス語圏の西南部地方の拡大図（ロマンシュ語圏はドイツ語圏とイタリア語圏の間に散在している）

べてのために、そして、すべては一人のために」という標語には、多民族国家を束ねる理念がこめられている。国旗は赤地に白十字で、ジュネーブの実業家アンリ・デュナンが提唱した赤十字社の標章は、多くの国でスイス国旗の赤と白を入れ替えて作った。

チョコレート好きのスイス人

スイスの町では、五〇〇メートルごとにチョコレートの店があるという。古い町を歩くと、歴史を感じさせる店に出くわすこともある。図11・2は、ローザンヌで最も人気のあるチョコレートの店の看板だが、この店が創業した年は、イギリスのジョン・フライが「食べるチョコレート」を作った二年後である。

「チョコレート王国スイス」が生まれるきっかけは、一六九七年にさかのぼる。チューリッヒのハインリッヒ・エッシャー市長が、当時はオランダ領で、現在はベルギーの首都となっているブリュッセルに旅行した時にチョコレート（ココア飲料）の存在を知り、それをスイスに持ち込んだ。当時は町の有力者たちがパーティーなどで飲む程度に限られていたが、一七二二年にチューリッヒ議会が「チョコレート禁止令」を出したため、チョコレート熱は一気に冷めた。その当時、カカオは媚薬とされていたので、チューリッヒ議会は、「徳の高い市民にチョコレートはふさわしくない」と判断したのである。

それから三十年後に、二人のイタリア人がベルン近郊に初めてのチョコレート工場を建設するが、地元民の反応は鈍く、失敗に終わった。ところが、十八世紀末にはレマン湖畔のヴヴェイやローザンヌなどにチョコレート工場が乱立し、一七九二年、ベルンにようやく初のチョコレート屋がオープンした。一八一九年にフランソワ−ルイ・カイエがヴヴェイ郊外にチョコレート工場を開く。これ以降、たくさんのチョコレートのパイオニアがスイスに生まれることになる。

図 11.2　ローザンヌで最も人気のある旧市街のチョコレートショップ「Blondel」の看板

一八二六年、フィリップ・スシャールはニューシャテル（ヌーシャテル、あるいはヌシャテール）の近くの町に工場を開いた。彼は、熱した花崗岩製の板の上で、同じく花崗岩でできたローラーを転がして、砂糖とココアパウダーを攪拌するミキサーの開発に成功した。それまでは、メソアメリカと同じように石製のメタテとマノでカカオニブをすりつぶしていた。スシャールの発明でチョコレートを作る工程は大きく改善し、スシャールの会社も大いに繁盛した。図11・3はスシャールの功績をたたえる看板で、そこには「フィリップ・スシャール、地域産業の形成者、チョコレート会社スシャールの創始者。この通りの七番地に生まれ、旧市役所の建物で子供時代をすごす」とある。ちなみに、ニューシャテル湖は、他国と国境を接していないスイス国内で最大の湖である。

図 11.3 フィリップ・スシャールの説明（ニューシャテル郊外）

多くの発明家たち

スイス人の発明好きは、チョコレートの技術革新に大きく貢献した。最初の発明は一八五〇年代のコーラーである。二十年前からチョコレート製造を始めた彼は、ヘーゼルナッツ入りのチョコを作った。

一方、蝋燭《ろうそく》職人だったダニエル・ペーター（ピーターとも呼ばれる）がミルクチョコレートを作った。ミルクチョコレートを作る難しさは次に説明するが、彼はランプの発明を見て蝋燭に見切りをつけてチョコレートに転身し、一八六七年にヴヴェイにチョコレート工場を作った。当時はミルクの入らないダークチョコレートしかなかったが、甘口を好むスイス人にはあまり好かれていなかった。そこでペーターは、チョコレートの舌触りと味をやさしい風味に改良しようと、いろいろな材料を使って実験を重ねた。八年間の研究の結果、一八七五年にようやくミルクチョコレートが誕生する。

ダニエル・ペーターの発明のすぐ後に、もう一つの偉大な革命が起きた。一八七九年のルドルフ（ロドルフ）・リンツによるコンチングの発明で、これによってチョコレートの苦味が軽減するとともに、ざらざらした食感をなくし、ヴィロードのような滑らかな舌触りのフォンダンチョコレートができた。

一方で、スイスから移住した人々に、チョコレートで有名な人物が輩出した。その一人が、ニューシャテル出身のヤン・ノイハウスである。彼はブリュッセルに移住し一八五七年に薬局を開くが、彼の孫がプラリネを開発して、ベルギーチョコを一躍有名にした。ベルギー王室御用達となり、首都ブリュッセルのアーケード街に豪華な店を構え、東京・銀座にも店を出しているノイハウス社はこうして誕生した。現在、ノイハウス社、一八八三年創業のコート・ドール社、一九二六年創業のゴディバ社、さらに、百を超えるチョコレート会社を擁するベルギーが、「世界で最もおいしいチョコレート」の座を巡ってスイスと争っている。

アメリカのハーシー社の創業はミルトン・ハーシーによるが、彼の先祖はスイス人で、宗教迫害を逃れてアメリカに移ってきた。裕福な移民であった先祖たちは、ペンシルベニアのランカスター郡に住み着いた。この地の肥沃な緑の大地と穏やかな気候が、母国の豊かな農地と似ていたからである。

ハーシーは、最初はキャラメルで成功したが、一八九三年にシカゴの博覧会でチョコレートの魅力にとりつかれ、チョコレート工場を建てた。彼はその後に、チョコレートの大量製造法を発明し、高値であったそれまでの価格を下げて、チョコレートの大衆化に成功した。彼は、チョコレートに使うミルクの製造のために現地の酪農家を育て、また工場労働者の子弟のための教育施設も整えて、チョコレート製造を核とする「ハーシータウン」を作り、通りの名前から信号機に至る何から何まで「チョコレート一色」の町を造った。「ハーシータウン」は、今でもテーマパークとして多くの観光客を集めている。

11.2 ミルクチョコレートの誕生

ダニエル・ペーターはミルクチョコレートを作るのに、なぜ八年もかかったのであろうか？　その原因は、「水と油は混ざらない」という簡単な原理である。

水と油を混ぜるには？

図11・4（a）に示すように、現代のミルクチョコレートでは、連続相のココアバターの結晶の中に、粉乳粒子、褐色のカカオマス粒子、砂糖粒子が分散している。いずれも固体で、水分は微量に含まれるだけである。ホワイトチョコレートには、カカオマスを入れない。また、スイートチョコレートには粉乳粒子を入れない。いずれの場合も、チョコレートの製造工程においては、チョコ

レートとして固める前の融解した状態ではココアバターは液体油になっているが、他の粒子は固体のままにしておかねばならない。

現代の製法では、ミルクチョコレートを作る場合は粉末ミルクを使う。その理由は、もし温度が上がってココアバターが溶けた状態で水分が加わると、そこへ溶け込んだ砂糖の粘度が高くなり、液体とココアの水滴との間の摩擦が発生して、急激に硬くなってしまう。またミルクチョコレートの場合は、温度を上げすぎると乳タンパク質の変性が起こる。

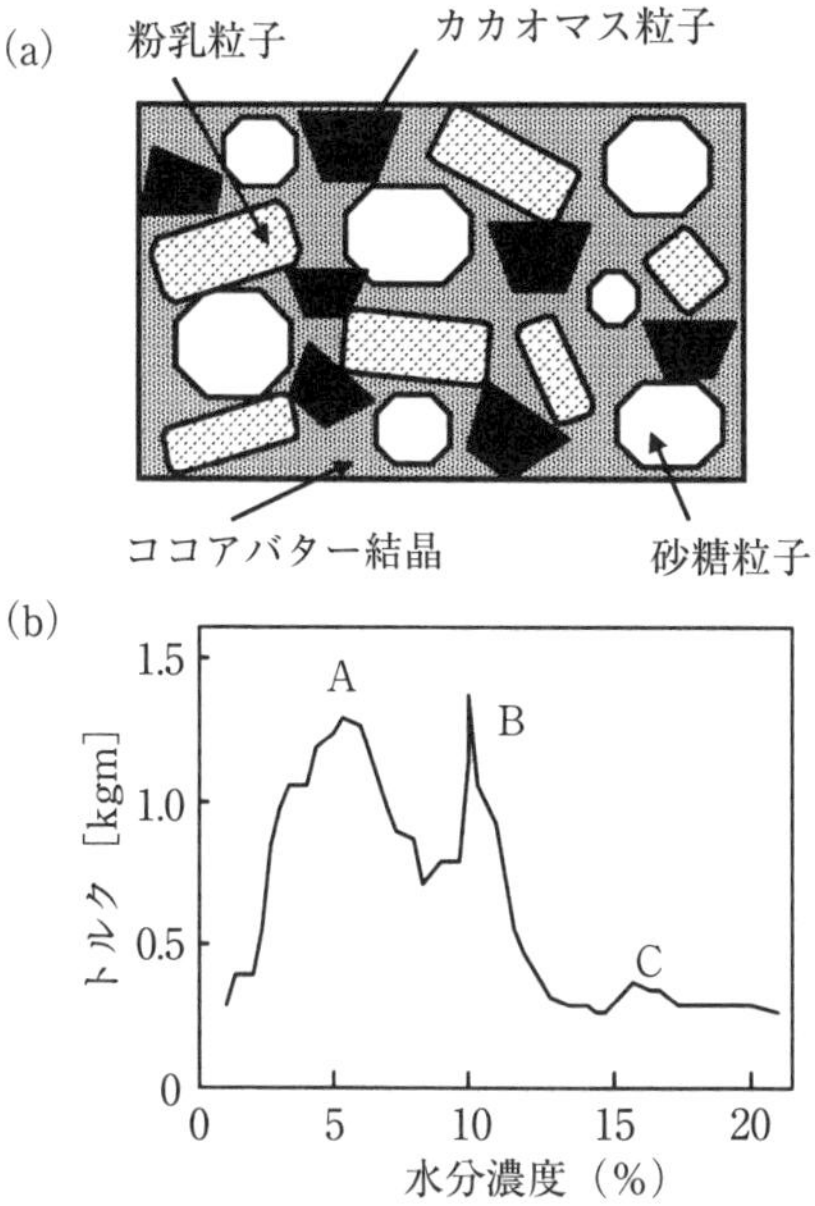

図 11.4　ミルクチョコレートの内部構造 (a) とチョコレートの粘性に及ぼす水分添加の効果 (b)

もし、溶けたカカオマスに液体ミルクを入れると、油であるカカオマスは浮き、ミルクは沈んでしまう。それを均質に混ぜるためには、強力にかき混ぜなければならない。その理由は、水分が増えた時に粘度が上昇するためである。チョコレートに水を加えた場合の粘性の変化を調べるために、四〇℃で融かしたチョコレートに水分を添加しながら、回転する板を使って一定の回転速度でチョコレートをかき混ぜるために必要な力（トルク）を測ると、図11・4（b）のようになる。

ここには、三つの大きな粘性の変化が現れる。水分濃度が約六％以下では、水分濃度の増加とともに急激に粘性は増加するが、Aを超えると粘性は低下する。しかし、粘性は約一〇％まで再び増加し（B）、それ以上の水分濃度で急激に粘性は低下して、約一六％（C）で少し増加したあとは一定である。この粘性の変化は、水分濃度とともにチョコレートの状態が変化するためである。Aの濃度で、チョコレート全体は小さな水滴が油に散らばった状態（油中水型エマルションという）になり、Bの濃度で水分と油分が分離し、Cの濃度以上で小さな油滴が水に散らばった状態（水中油型エマルション）になる。

濃縮ミルクの利用

ダニエル・ペーターは、融かしたダークチョコレートと濃縮ミルク（コンデンスミルク）を混ぜて、水力を利用した機械で長い時間かき混ぜてエマルションを作り、それを冷やして固めた。温めて混ぜている間に水分が蒸発して、図11・4（b）の右側から左側へと状態が移動して、溶けたチョコレートが水中油型エマルションから油中水型エマルションに変化するのである。それを冷やすことで、ココアバターの結晶の中にミルク成分が分散して、マイルドな味のミルクチョコレートが誕生した。

ペーターが濃縮ミルクを使った理由は、普通のミルクを入れたのでは水分が多すぎて、水中油型エマルションから油中水型エマルションに変化するまでの時間が極めて長く、その間にチョコレートが酸化してしまうからである。

彼がチョコレート工場を作る一年前に設立されたアングロ・スイス練乳会社が、良質で純粋な原料から長期保存ができる濃縮ミルクを発明していたので、彼はそれを利用した。なお、ネスレ社の創業者アンリ・ネスレと、ダニエル・ペーターが共同でミルクチョコレートを開発したという説がある。二人とも同じヴヴェイの町にいたが、共同で作業をしたという確証はない。ネスレ自身はチョコレートには関心を示さず、ネスレ社がペーターの方法でミルクチョコレートを売り出したのは、彼の死後十四年後の一九〇四年のことである。

11.3　コンチングの発明

なめらかな舌触り

メソアメリカの人々は、カカオ豆を粉砕するのにメタテとマノを用いていた。これらの器具はトウモロコシを挽くためのものであるが、彼らはそれをカカオの粉砕に応用したと考えられる（第六章）。しかし、この器具で粉砕できる能力には限度があり、口に入れるとザラザラとした食感となっていた。それは、スシャールの方法でも変わらない。このような舌触りを改善するために考案されたのが、「コンチェ」という機械（コンチング装置）である。コンチェとは、その機械の形状が「コンチ貝」に似ていることからつけられたといわれる。ルドルフ・リンツによって作られた最初のコンチング装置は図11・5のような構造で、チョコレートを三日間かき混ぜたと言われている。

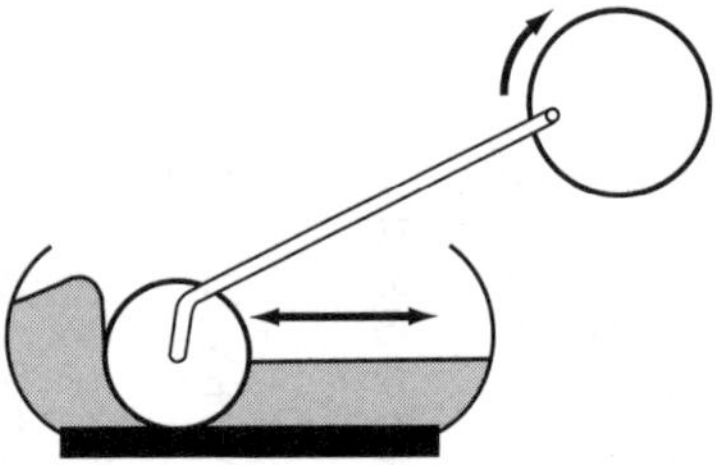

図 11.5　ルドルフ・リンツが発明したコンチング装置の概略図

コンチングによって、舌触りが改善されるばかりでなく、同時に香味もまろやかになることが知られている。このようなコンチング操作は、他の食品産業では見られないチョコレート工場に独特の処理であり、現在のチョコレート工場でも多数のコンチング装置が使われている。

当初のコンチングの主な目的は、溶けたチョコレートに含まれる固体粒子を細かくすることと、香りを改善することであった。しかし、技術の進歩とともにチョコレートの摩砕装置の性能は高くなり、コンチング装置で固体粒子のサイズを調整する必要がなくなった。図11・6（a）の「レファイナー」と呼ばれる鋼鉄製のローラーが導入されることで、固体粒子は十分に小さくなったからである。レファイナーに入れる前の固体粒子の大きさは一〇〇～三〇〇㎛であるが、五本のローラーで磨砕された後は二〇㎛前後になる。

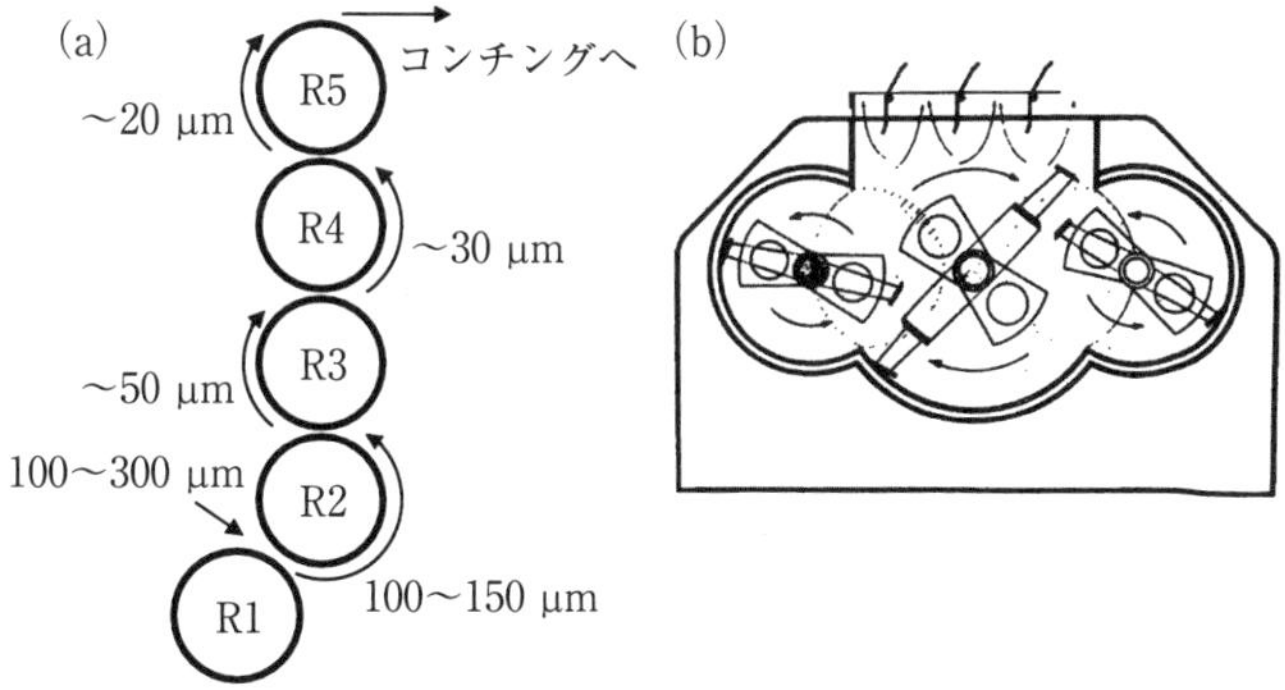

図 11.6　現在の大規模チョコレート工場におけるレファイナー (a) とコンチング装置 (b)

レファイナーの性能が向上してからは、コンチェの役割は「風味の改善」に変わった。コンチングにおける風味変化の仕組みはまだ完全にはわかっていないが、一つには水分の蒸散がある。さらに、カカオ豆を発酵する段階で生まれた有機酸（主に酢酸や乳酸）が、長時間のコンチング処理によって揮発することで風味がまろやかとなる。その他にも、コンチング温度によってはメイラード反応（第五章）が生じて、香味が変化している可能性もある。コンチングによるこれらの「風味の改善」には一定の時間を要し、数時間～数日のコンチングを行うことが普通に行われていた。

しかし、チョコレート製造業がますます近代化して、高い生産効率が求められるようになると、コンチング時間の短縮が大きな課題となり、図11・6（b）のような強力な攪拌装置が導入されるようになった。また、水分や有機酸の揮発を促進するため、コンチング温度やコンチング中の換気、温風の吹き付けなどの工夫がされている。

焙炒とコンチングは最高機密

現在、コンチングの役割は「化学的変化（香味の改善）」と「物理的変化（粘性の低下）」に分けて考えることができる。この中で、コンチングによる香味の改善はまだ理解されていない部分が多い。それは第五章でも述べたように、チョコレートには数百種類以上の香気成分が存在し、それらの成分の割合によって香味が微妙に変わるからである。

コンチングの具体的な条件は、用いる装置やチョコレートのレシピ（ダークチョコレートかミルクチョコレートか、さまざまな原料の配合割合）によっても異なる。

したがって、チョコレートメーカーにとって、カカオ豆の焙炒条件とコンチング条件は門外不出の最高機密情報であり、これらによってチョコレートメーカー固有の香味が生まれ、それが伝統的に守られているのである。

チョコレート製造における粘性の役割

粘性とは、粘《ねば》つく程度を表す性質である。この粘性は、チョコレートの製造方法と、できあがったチョコレートの口どけ感と密接に関係している。

液体の流動特性を示す指標として、粘度という値がある。液体を一定面積の板で挟み、その板を一定速度（D：ずり速度）で動かすと、粘性のために、板には応力（S：ずり応力）が生じる。このとき、粘度はS/Dと定義される。

我々が普通に経験しているように、粘性が高い液体ほど動かしにくい。流動特性は、ずり速度を変化させてずり応力がどのように変化するかによって表され、それを「流動曲線」という。図11・7には二つのタイプの流動曲線を示す。水やアルコールなどはニュートン流体である。ニュートン流体は図11・7において原点を通る直線で、ずり速度がゼロならばずり応力はなくなる。一方、チョコレートは擬塑性《ぎそせい》流体に分類されるが、その特徴は、ずり速度が大きくなると粘度が低下すること、およびずり速度がゼロでも一定のずり応力の値をもつことである。この値を降伏値という。後で見るように、この特徴がないとチョコレートはできない。

そこで、融けたチョコレートの流動特性に及ぼすコンチングの効果と、

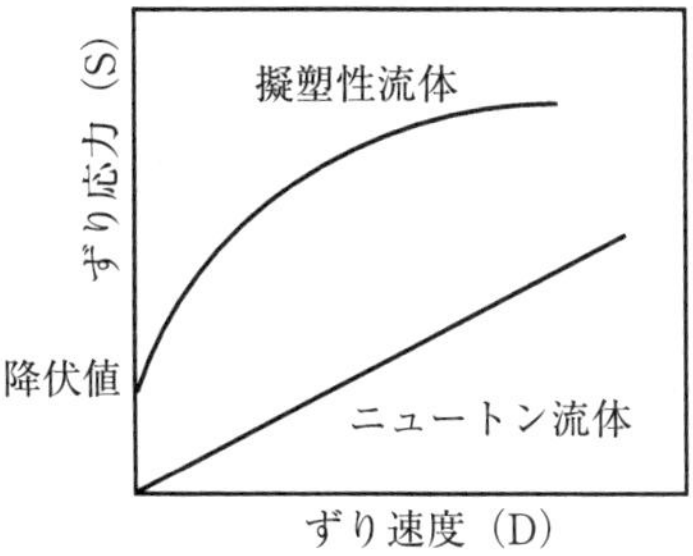

図 11.7　液体の流動曲線

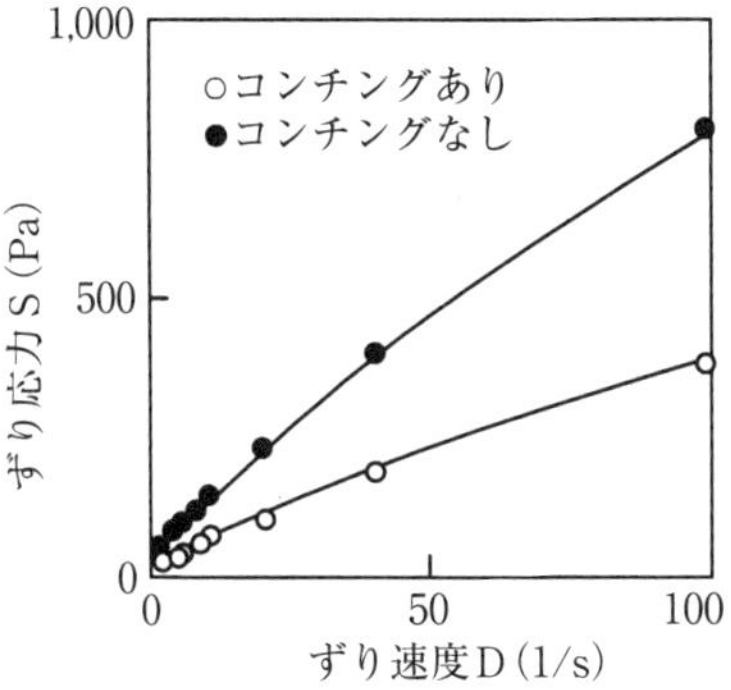

図 11.8　コンチングによるチョコレートの流動特性の変化

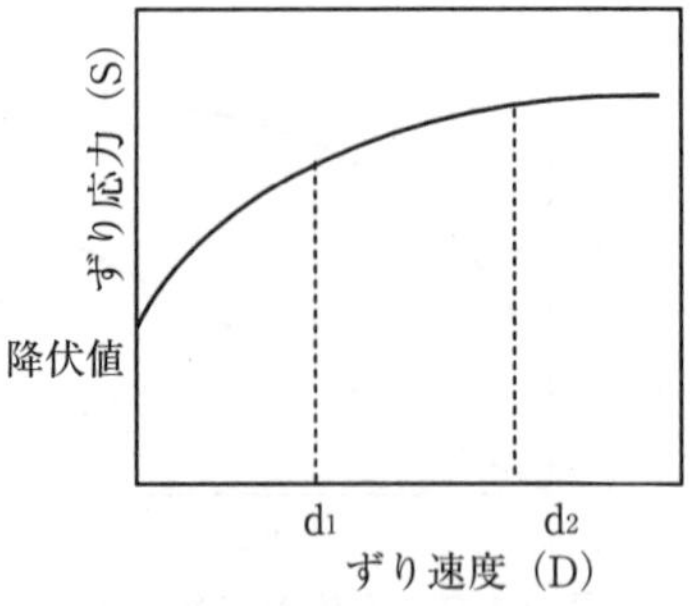

図 11.9　溶けたチョコレートの粘度

それがチョコレートを製造する工程へ及ぼす影響を考えてみる。図11・8に、コンチング処理によるチョコレートの流動特性の変化を示す。コンチング処理によって明らかに粘度が低下していることがわかる。これは、コンチングによって固体粒子表面へのココアバターの被覆が進行したこと、カカオマス粒子の中にあったココアバターが搾り出されたこと、水分が揮発して濃度が低下したためである。チョコレートの粘度は食べた時の口の中での粘性に関連するため、コンチングによる「口どけ」感の向上は極めて大きな効果をもたらす。

融けたチョコレートのような擬塑性流体において、粘度はずり速度が大きくなると低下する。すなわち、速く動かせば粘度が下がる。これは、大地震によって地盤の弱い土地で、地中から水が噴き出す「液状化現象」と同じ原理である。図11・9に示すように、ずり速度の小さい時（d_1）の粘度（ずり応力曲線の傾き）よりも、ずり速度の大きい時（d_2）の粘度のほうが小さい。この性質は、チョコレートを作るときに極めて大きな効果を表す。

チョコレート工場でも、ショコラティエの作るアトリエでも、溶かしたチョコレートを型に流し込んだ後で、型を激しく振動させてチョコレートを型の隅々まで行き渡らせる操作を行う。型を振動させるのは、図11・9に示した性質を利用している。つまり、型の振動はずり速度を大きくすることであり、そのために粘度が低下して動きやすくなり、チョコレートが型の隅々へと流れ込むのである。

また、擬塑性流体には降伏値がある。この値の意味は、ずり速度がゼロであるにもかかわらず、ずり応力を示すということである。これは、溶けたチョコレートは降伏値以上の応力を与えないと流れだささないということである。もちろん、水のようなニュートン流体にはこのような性質はない。この特徴を利用して、さまざまなチョコレート製品を作ることができる。

図 11.10　チョコレートをコーティングした商品の例

たとえば図11・10のような製品は、溶けたチョコレートが固まる前にケーキの周囲を被覆させておき、それからココアバターを結晶化させて作る。もしも溶けたチョコレートがニュートン流体であったなら、すべてが流れ落ちてしまう。一方で、ココアバターが結晶化した後では被覆することはできない。垂直になった面に液体のチョコレートが付着するのは、図11・9のように、重力によって流下しようとする力以上の降伏値があるためである。

11.4 テンパリング

微妙な温度調整

コンチングまでの技術はすべて十九世紀に開発されたが、最後に、重要な技術である「テンパリング」が残っていた。それは、チョコレート製造における「温度調整」に該当し、その目的はチョコレートを固めてできるココアバターの結晶の調整である。

実は、チョコレートの歴史のなかで、テンパリングが、いつ頃、誰によって開発されたのかは不明である。どのスペシャリストに聞いても「知らない」と言うし、該当する特許も学術論文も見つからない。しかし一九三六年頃には、テンパリングの機械が登場している。おそらく、最もおいしい硬さとなるチョコレートや、表面が白くなる「ファットブルーム」(図11・11)が起きないチョコレートをめざして、多くのチョコレート職人が工夫しているうちに、自然に「テンパリング」という技術に行き着いたものと思われる。

結論から言うと、テンパリングしないで作ったチョコレートは、指で触っただけで融けてしまうか(氷水や寒い部屋で急に固めた場合)、なかなか固まらないか(約二五℃以上で固める場合)、適当に冷やしてやっと固まっても、翌日にはファットブルームが起こってしまう。しかし、最適なテンパリングをした場合は、手で触っても融けないけれども口に入れれば速やかに融け、普通の温度に放置してもファットブルームを起こさないチョコレートができる。

テンパリングの仕組み

テンパリングの目的は、チョコレート中のココアバターを最適な硬さと融点を持つ結晶に固めることである。「最適な」ということは、ココアバターが最適でない性質を持った結晶に固まることがあるということになるが、その通りである。この点が、テンパリングを必要とするココアバター特有の性質である。大きなチョコレート工場でも、小さな手作りの店でも、必ずテンパリング操作を行っている。

氷の場合は、コップに水を入れて冷凍庫で急激に冷やして作る氷でも、寒い朝に池の表面にゆっくりとできる氷でも、できあがる氷の性質は同じである（注）。しかしココアバターの場合は、融かした液体を氷水に入れて固める場合と、室温でゆっくりと固める場合とでは、できあがった結晶の融点や硬さがまったく異なる。このように、同じ物質から異なる性質の複数の結晶が生じる現象を、結晶多形現象という。

ココアバターには六種類の結晶多形があり、それぞれの多形で融点と硬さが異なる。名前は、ローマ数字でⅠ型からⅥ型まであり、普通に食べているチョコレートの中のココアバターはⅤ型で、この多形の融点は体温直下の三三℃である。

図 11.11　ファットブルーム（右が正常）

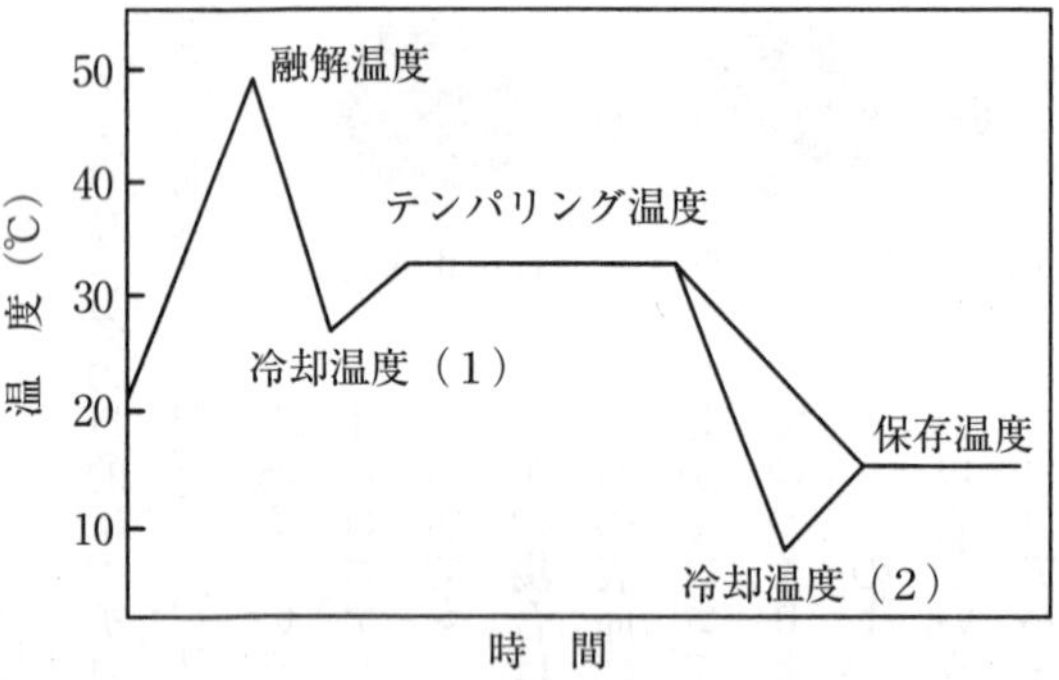

図 11.12　テンパリングによるチョコレートの結晶化工程の温度変化

ところが、溶かしたココアバターを氷水に入れるとⅡ型ができてしまう。この多形の融点は二三℃で、指で触っただけで融けてしまう。氷水ではなく、二三℃前後の水に入れるとⅢ型やⅣ型ができるが、この多形の場合も融点がそれぞれ二五℃と二七℃なので、指で触るだけで融ける。チョコレートとして最適の結晶多形はⅤ型であるが、この多形が固まる時間は極めて長い。そこで、最も効率的にココアバターをⅤ型に結晶化させる方法がテンパリング法である。

これは、チョコレートをいったんココアバターのⅣ型の融点以下に冷却してⅣ型を結晶化させた後に、Ⅳ型の融点以上に昇温させ、発生した結晶の多形をⅣ型からⅤ型に変化させ、それを種結晶にして、その後の冷却でココアバター全体をⅤ型に結晶化する方法である。いわば、「急がば回れ」の方式である。すなわち、直接ココアバターの液体をⅤ型で固めるのではなく、少し融点が低く、Ⅴ型より早く固まるⅣ型結晶にしておいてから、それをテンパリングで一気にV型に変えてしまうのである。

具体的には図11・12に示すように、チョコレートを温めて五〇℃前後で融かしたあとで、最初の冷却を二五～二六℃で行い（冷却温度1）、その温度に数分程度保持してⅣ型の結晶を作ったあとで、三〇～三一℃に上昇させてⅣ型からV型に転移させる。その温度でさらに数分保持して最適な量のV型の結晶を成長させた後に、V型の種結晶が全体の結晶化を制御するようにチョコレートを冷却させ（冷却温度2）、さらに保存温度で熟成させる。熟成の段階で、まだ固まりきっていないココアバターが緩やかに結晶化する。

テンパリングの過程で、どれだけの結晶量が溶けたココアバターの中に生じるかについては、測定方法によって研究者に差異があるが、テンパリング後の段階では、せいぜい二％程度の結晶しか生じないとされている。その後の冷却でV型に結晶化するが、完全に固まらないでまだ液体の性質が残っている間に、チョコレートを成型させる。このときの粘度などの性質が成型に決定的な影響を及ぼすので、テンパリングによって最適な量の種結晶を発生させることが技術的なポイントとなる。もし、V型の種結晶の量が不十分であれば、その後の冷却でⅣ型の結晶が発生し、その場合は熟成や流通の段階でファットブルームが発生する。一方、V型の種結晶が多すぎると冷却過程で急に結晶ができて固まってしまい、成型ができない。

したがって、最適なテンパリング条件とは、（1）結晶多形をV型に制御すること、（2）最適な種結晶の量を生成すること、さらに（3）最小サイズの種結晶を生成すること、である。工場にお

表11.1　さまざまなチョコレートのテンパリング過程の温度（℃）

	溶解温度	冷却温度（1）	テンパリング温度
ダークチョコレート	50〜55	27〜28	31〜32
ミルクチョコレート	40〜45	26〜27	29〜30
ホワイトチョコレート	35〜40	24〜25	27〜28

けるテンパリング機の内部では、精密な温度制御によってチョコレートの冷却—昇温が行われ、発生したV型の結晶がチョコレートの中に均一に分散するよう、回転による攪拌が行われている。ショコラティエのアトリエでは、部屋の温度を二〇℃前後に一定にしておいて、ショコラティエが大理石の上に融けたチョコレートをヘラなどで素早く広げながら、種結晶ができてチョコレートの粘度が微妙に変化する様子を、ヘラから手に伝わる感覚で感じ取り、温度計を使わないで見事にテンパリング作業を行う。

テンパリング法を用いないで、チョコレート融液を単純に冷却してV型を結晶化しようとすると、極めてゆっくり冷却しなければならない。しかし、それでは製造効率が低下するし、そのようにしてできたV型は最初から大きな結晶となって、ざらざらになる。いっぽう、製造効率を上げるために冷却速度を上げると、Ⅳ型やⅢ型が結晶化するが、そうなると融点が低すぎるし、すぐにより安定なV型に転移し、その過程で表面や内部の構造が劣化する。

図11・12に示したテンパリングのための温度設定は、チョコレートの種類によって変わってくる（表11・1）。冷却温度（2）の値は、型に入れる場合は低めに、ケーキやクッキーなどの周りを覆う場合は高めに設定する。チョ

コレート工場では、さらに素材として使うカカオ豆の産地によってココアバターの融点が異なるので、カカオ豆の産地や、目的とするチョコレートの種類によって、極めて繊細にテンパリング温度を調整している。

すでに述べたように、テンパリング機械が使われだしたのが一九三六年といわれているが、ジョン・フライ社が一八四八年に「食べるチョコレート」を作ってから長い間、テンパリング機械なしでチョコレートを作っていたことになる。その時代のチョコレート中のココアバターの結晶多形がどうなっていたのかは、大変気になるところである。

ここに来て、ついに「神の食べ物の不思議」を探し求めるサイエンス・ロマンの旅は終わった。では、これでチョコレートのサイエンスは終わるのであろうか。いや、そうではない。世界中のチョコレートの技術者や研究者は、現在も新しいチョコレートをめざしているのである。次章では、チョコレートの未来を語って、この本を終えることにしよう。

（注）実は氷にも多形現象があり、圧力を高くしたり温度を下げたりすると、冷凍庫でできる結晶とは異なる性質の結晶ができる。

第十二章　チョコレートの未来

チョコレートの故郷である古代メソアメリカでは、カカオ飲料は「食べ物」というよりも、「薬」と思われていた。それはチョコレートがヨーロッパに入ってからも同じで、しばらくの間は薬としてのチョコレート（カカオ飲料）の効能が問題となっていた。たとえば十七世紀後半には、フランスで「チョコレートは媚薬か安全な食べ物か」で大論争があり、一七二二年には、スイスのチューリッヒ議会がチョコレートを禁止した。

しかし現代においては、ポリフェノールやテオブロミンに代表されるカカオ豆の成分の健康効果のために、チョコレートには追い風が吹いている。冬の銀座のカフェのホットココアのキャッチコピーには、「カカオポリフェノールでインフルエンザを撃退！」とあった。

ところで、食べ物のおいしさは、何で決まるのであろうか？　直接的には眼、耳、舌、口蓋、鼻にあるさまざまな感覚器官を通して脳が感知するが、第五章でも書いたように、最も重要な要因は、舌と口蓋にある味蕾《みらい》の感覚細胞で受容される味覚である。

しかし、それが「おいしさ」を決める要因のすべてではない。図12・1に示すように、おいしさ

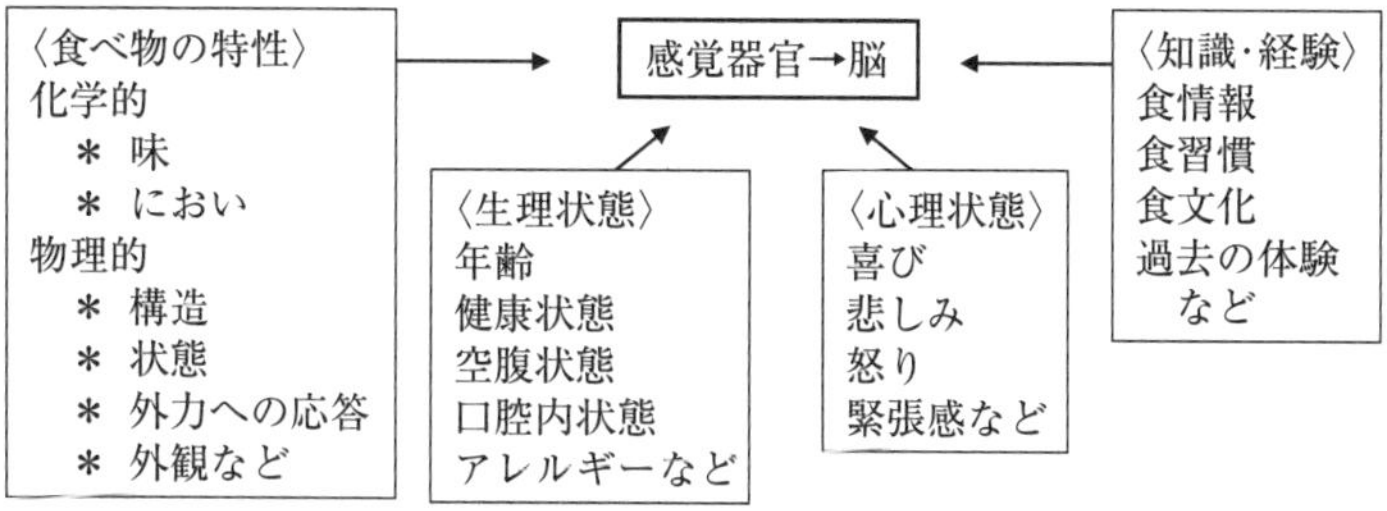

図 12.1　食べ物のおいしさを決める要因

を決める食品の特性としては、味覚と匂いに加えて、いわゆる「食感」として、柔らかさや硬さ、舌触り、口どけのような感覚を生む物理的要因も不可欠である。さらには間接的な要因として、生理的、心理的要因や、記憶・経験、社会環境などが複合的に作用する。すなわち、ヒトにおいては「口と鼻」、「体」、「心」さらには「頭」が一体となって、食べ物のおいしさの感じ方が決まるのである。

チョコレートの未来を考えるにあたって、まずは「頭で食べる」という見方に立って、チョコレートに対する誤解を解くことから始めよう。

12.1　チョコレートへの誤解を解く

この本の冒頭でも示したが、チョコレートが好きか聞くと、世界中のどこへ行っても、十人中九人が「イエス」と答えるが、一人くらいがノーと言う。「ノー」と言う理由は、表12・1にある「四つの誤解」にとらわれているためといっても過言ではない。この誤解は、日本だけではなく世界的にも見られるので、無視できない。しかし、次の理由で「四つの病態をチョコレートに帰するのは誤り」と断言できる。

表12.1　チョコレートに関する代表的な誤解

病　態	真　因
虫歯になる	虫歯菌
鼻血が出る	細動脈破裂
太る	食べ過ぎ・運動不足
にきびができる	ホルモン分泌の乱れなど

虫歯になる?

筆者は、行きつけの歯医者さんが子供の患者に「チョコレートを食べると虫歯になるから気をつけようね」と話すのを隣で聞いたことがあるが、チョコレートの誤解の中でこれが最も多い。映画「チャーリーとチョコレート工場」にも、その影響を見てとれる。その根拠が、チョコレートにはショ糖が多く含まれ、それを栄養源とする虫歯菌が繁殖して虫歯になるというものである。

虫歯（う蝕という）は、口腔内に常在する虫歯菌（ミュータンス菌やソブリナス菌）が引き起こす感染症で、次に説明する過程でスクロースの摂取と密接に関係する。まず虫歯菌によりショ糖が変質して、水に溶けにくく粘り気のあるグルカンという物質になる。グルカンは歯にくっついて、口の中の菌とともに虫歯を誘発する作用の強い歯垢を形成する。歯垢に覆われた歯の表面は、空気が遮断された嫌気状態となって、糖類の嫌気発酵が進んで乳酸が作られ、それが歯を溶かしてう蝕が進む（嫌気発酵については、第四章参照）。

このような仕組みで進むう蝕を回避するには、たしかにショ糖の摂取を控えるのが効果的である。しかし、より根本的なことは、う蝕の発症には四つの要因があって、それが重なったときにう蝕が発症することで、それを出発点に考えなければならない（図12・2）。

歯を強くするにはフッ素の応用、かみ合わせ部位の改善などがあり、虫歯菌の繁殖を抑えるには、歯磨きによる除去、抗菌剤の応用などがある。ショ糖については、その摂取を控えるのが望ましいが、時間の経過も重要である。したがって、う蝕の発症を抑えるには、食後や就寝前に歯磨きやうがいをして口の中を常に清潔にして、図12・2の四つの条件がそろわない口内環境を整えることが最も有効である。

さらに、最近の研究によれば、チョコレートはキャラメルよりもう蝕の発生が遅いこと、その原因はチョコレートのカカオ成分が虫歯菌によるう蝕の発症を抑制するためであることが見出された。ただし、カカオ中のどの成分が抑制するかは未解決である。

以上の結果から、少なくとも「チョコレートを食べるから虫歯になりやすい」という考え方に根拠がないことは明白である。

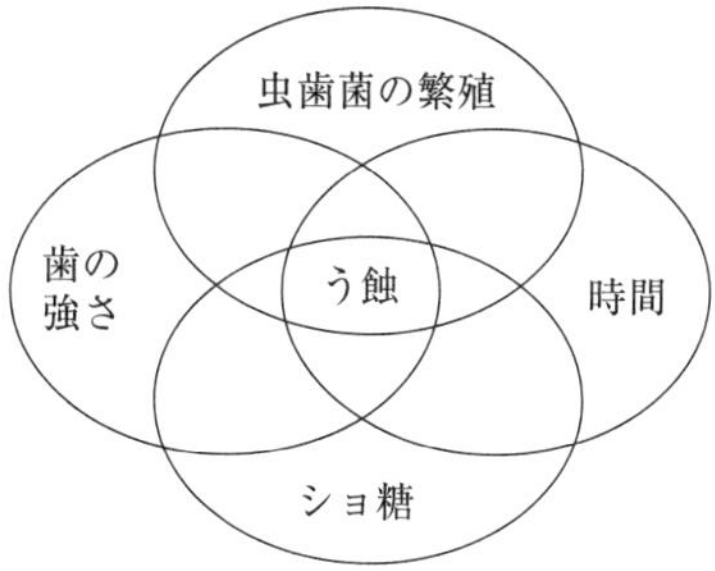

図 12.2　う蝕（虫歯）が発生する原因

鼻血が出る?

鼻血は鼻腔からの出血であるが、これには局所的原因と全身的原因がある。前者の場合は、鼻の入り口にあるキーゼルバッハ部位からの出血で、粘膜の下の細動脈が何らかの刺激（打撲、鼻かみなど）で破裂して出血する。全身的原因は、重篤な病気によるものである。いずれも、チョコレートの摂取とは関係がない。

太る?

この誤解は、映画「チャーリーとチョコレート工場」にも見られる。しかし言うまでもなく、食べすぎと運動不足により、過剰に摂取された栄養成分が体内脂肪として蓄積されるために太るのである。チョコレートにはカロリーの高い油と砂糖がたくさん含まれているので「肥満の大敵」と見られがちであるが、食べ過ぎの対象としては他のスイーツと大差はなく、いずれも食べ過ぎて運動しなければ、太る。

にきびができる?

皮膚の毛穴で、ホルモンと細菌と皮脂の相互作用によって生じる炎症性疾患を、青年の場合は「にきび」、成人の場合は「吹き出物」という。いずれも、ホルモン分泌の乱れや、睡眠不足、ストレスによって皮脂の分泌が多くなると生じる。そのいずれもが、チョコレートとは無関係である。しかし最近は、チョコレートに栄養機能が多く見出され、それがよく知られるようになってきたので、次にそれを考えたい。いずれも、チョコレート中のカカオ豆の成分による栄養機能であるが、それがチョコレートの未来を決める最も大きな要因である。

12.2 チョコレートと健康

古代のオルメカ、マヤ、アステカの人々は健康に資すると信じてカカオを飲んでいた。これは、単なる迷信ではない。「現代の科学でカカオの謎を解き明かそう」とする研究が、最近急速に進歩している。日本では、一九九一年より「日本チョコレート・ココア協会」が主催する「チョコレート・ココア国際栄養シンポジウム」が毎年開催され、チョコレート・ココアの栄養機能に関する最新の研究成果が発表されている。中でもカカオ豆に多く含まれるポリフェノールのさまざまな機能に関する研究が盛んである。

ここでは、これらの研究の概略を紹介したい。

動脈硬化の予防

フランス人が油脂の多い料理をたくさん食べていながら、他のヨーロッパ諸国に比べて心臓病の発症率が少ないという事実は「フレンチ・パラドックス」と呼ばれ、長い間謎とされてきた。やがてその理由が赤ワインにあることが明らかとされ、赤ワインに含まれるポリフェノールが脚光を浴びるようになった。そこで、「ポリフェノールを含むチョコレートにも同様の作用が期待できるのではないか」との立場から、多くの研究が行われた。その結果、カカオポリフェノールが動脈にコレステロールやカルシウムなどが付着することを防ぐ、つまり動脈硬化を防ぐ作用のあることが明らかとなった。

抗ストレス効果

カカオ豆の胚乳部（ニブ：食用部分）には、六〜九％のポリフェノール類が含まれている。ポリフェノール類は、カカオの他にもお茶や赤ワインにも豊富に含まれている。ポリフェノールのストレス予防、回復効果は、ラットを用いた実験でも明らかにされている。

この実験は、ストレスを感じるような環境にラットを置き、ポリフェノールを与えてその効果を測定したものである。まず、健常なラットを二群に分け、カカオポリフェノールを含んだ餌と含まない餌を与えて飼育し、その後にそれぞれを身動きが自由にとれない環境に閉じこめた。その結果、あらかじめポリフェノールを与えられていたラットは、与えられていないラットに比べて、ストレス時に生じるストレスホルモンの量が少ないことが判明したのである。またこれとは別に、常にストレスを感じるような環境に置かれているラットに対して、回数を分けてポリフェノールを与えたところ、ストレスを受けた状況から徐々に回復することが認められた。この結果は、ポリフェノールのもつ抗酸化力によるものと考えられている。

ガン予防

発ガンに関係する重要な物質に「活性酸素」がある。活性酸素は、遺伝子を損傷させる段階、さらには傷ついた細胞がガン化していく段階のいずれにも関与することが明らかとなっている。マウスの赤血球を用い、発ガン性のある化学物質によって生じる赤血球の変異に対してカカオポリフェノールの影響を調べる実験が行われた結果、カカオポリフェノールを与えたマウスでは、与えなかったマウスに比べて、赤血球の異常な発生数が抑制されることが確かめられた。さらに別の実験により、カカオポリフェノールによってガンの進行が抑えられたことも確認されている。

また、最近の研究によれば、カカオポリフェノールによってガンを抑えるナチュラルキラー細胞やリンホカイン活性化キラー細胞などの活性が高まることが示されている。

その他

カカオポリフェノールが活性酸素の発生を抑える結果、炎症やアレルギーを抑える効果や、ＬＤＬコレステロール（いわゆる「悪玉コレステロール」）の酸化を防ぎ、ＨＤＬコレステロール値（いわゆる「善玉コレステロール」）を上昇させるなどの効果が確認されている。また、カカオ豆に多く含有される油脂であるココアバターに含まれる脂肪酸であるオレイン酸やステアリン酸は吸収率が低く、コレステロール値を下げるという効果が認められている。

テオブロミンはカカオに特徴的に含まれるアルカロイドの一種で、コーヒーに含まれるカフェインとよく似た構造である。テオブロミンには、緩やかな興奮作用、利尿作用、筋肉弛緩作用がある。

以上のほかにも、カカオ成分には高齢者の認知能力低下防止効果の研究報告がある。ただし、チョコレートの健康効果で注意するべきことがある。第一に、「食べすぎは禁物」ということである。「過ぎたるは及ばざるが如し」は、チョコレートにも当てはまる。

では、「どれくらいが適量なのか」であるが、年齢や体調にもよるので一概には言いにくい。しかしさまざまな文献を総合すると、大人であれば、一人一日当たり五～一〇gのチョコレートの摂取で先の健康効果が認められるようである。普通の大きさの板チョコ（一枚約六〇g）であれば、一週間に一枚のペースである。

また、チョコレートを薬としてではなく、食べ物として摂取することが前提である。つまり、栄養バランスのとれた普通の食事の中でチョコレートを食べることが重要なのである。

12.3　チョコレートのおいしさは何で決まるか?

チョコレートのおいしさは、口の中で滑らかに融ける性質（物理的性質）、それに伴って発現する味と香り（化学的性質）で決定される。前章で、口中での粘性変化を紹介した。また第五章では、カカオ豆の焙炒による香気成分の生成を詳しく説明した。さらに、チョコレートの種類によっても、おいしさはさまざまに変化する。

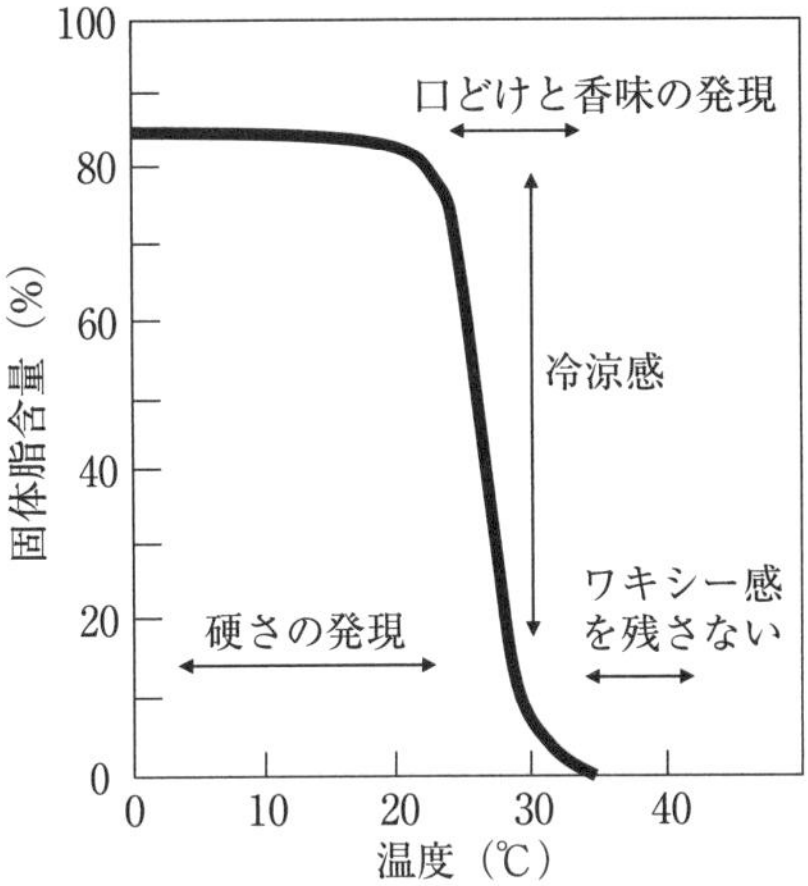

図 12.3　ココアバターの固体脂含量の温度変化と味覚

たとえば、ミルクチョコレートのおいしさを決める要因は、素材としてはカカオ豆の種類・発酵・乾燥・焙炒、砂糖の種類、粉末ミルクの原料と粉末化の条件などが重要で、チョコレートの製造工程では、コンチングやテンパリングの条件などが重要である。それに、フィリングや生チョコを含めたさまざまなチョコレートのおいしさを決める要因を細大もらさず数え上げたら、たちどころに数百を超えるであろう。

ここでは、筆者らの専門でもある「チョコレートの口どけ」について考える。

口どけ

図12・3にココアバターの融解曲線を示す。図の横軸は温度、縦軸はその温度での固体脂含量を示す。固体脂含量とは、油脂の中で固体となっている部分の割合であり、固体脂含量が七〇%であれば、残り三〇%は液体である。図12・3を見ると、ココアバターの固体脂含量は室温（二〇℃）で約八〇%であるが、二三℃〜三〇℃にかけて急激に減少し、三五℃以上ではほぼゼロとなる。このことは、チョコレートは室温では「固く」、口中で「急激に融け」、体温以上で「液体」になることを意味している。

ココアバターのこのような物理的性質が、チョコレートの品質において極めて重要である。室温で固いチョコレートは手でパチンと割れる。（これをスナップ性という。）また、口中で急激に融解するときにすばやい口どけ感が得られ、同時に香味が一気に発現する。また、急激にココアバターの結晶が溶けるときに周りから熱を吸収するので、舌や口蓋に接しているチョコレートの周りの温度がわずかに下がって冷涼感が生まれる。さらに、体温（三七℃）以上で融け残りがないことは、ワキシー感（口の中にワックスがあるようなモッタリした感じ）を残さないために重要である。

人間の体温直下で急激に融解する特性を示す天然油脂は、ココアバター以外には見当たらない。図12・3の特殊な融解曲線は、ココアバターを主たる栄養源とするカカオ豆が発芽した直後に成長するために、熱帯ジャングルではココアバターが液体となっている必要から生まれた結果である。

このような性質は、ココアバターを構成する油脂の成分が独特なためである。他のどの種類の油脂でも、ココアバターのような性質は現れない。

　チョコレートの油脂として、ココアバター以外の固体脂をココアバターに添加することができる。その名称は、添加する目的と油脂の種類によって異なるが、ここではまとめて「ココアバター代用脂」と呼ぶことにする。また、ココアバターの代わりにそのような油脂だけでチョコレート菓子を作ることもできる。ただし、日本などではその場合は「チョコレート」とは呼べない。いずれの場合も、その油脂を使ったチョコレート製品が室温でパリッと割れるスナップ性を示し、口の中で速やかに融ける必要がある。

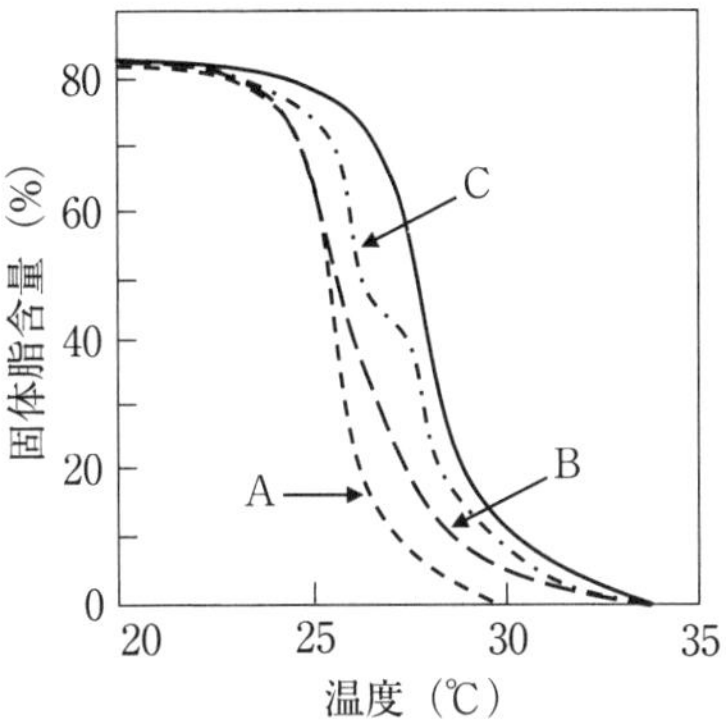

図 12.4　チョコレート用油脂の固体脂含量の温度変化（実線がココアバター）

　図12・4に、純粋なココアバターとそれ以外の典型的な三種類のココアバター代用脂の、固体脂含量の温度変化を示す。いずれも二〇℃での固体脂含量は約八〇％であるから、スナップ性は十分にある。しかし、図12・4のAに代表される代用脂の固体脂含量は、ココアバターよりも低い温度で融解する。したがってこの場合は、口どけはよいが融点が低すぎるので、夏場で溶けやすくなる。また、指で触っ

ただけで溶け始めてしまう。Bの代用脂は、二〇℃の固体脂含量の値と融点はココアバターと同じであるが、途中の融解挙動がココアバターより緩やかとなるので、口中での冷涼感が生まれない。同様の性質が、Cの代用脂にも言える。

12.4 広がるチョコレートの世界

カカオ豆の成分の健康効果が確認されたこともあって、カカオを使った食べ物の世界が広がりつつある。

スイーツ・飲み物

カカオはスイーツの王様で、スイーツとしての広がりは言うまでもない。また、カカオを使ったリキュールも人気がある。

健康効果との関連で言えば、ポリフェノールは脂溶性であるために、水に溶けるよりもアルコールに溶けやすい。ブドウのポリフェノール効果が、ブドウジュースではなく赤ワインで認められるのは、ポリフェノールがワインのアルコール成分に溶け込むからである。カカオの場合、発酵・焙炒したカカオニブをアルコール度四〇%のホワイトラム酒に漬け込むと、数週間で褐色のカカオ酒ができるが、これを使ったリキュールは気品の高いカカオ風味があっておいしく、ポリフェノール含量も多い。

高齢者用食品

食べ物としてのカカオの利用に、高齢者用の食品がある。咀嚼《そしゃく》能力の低下した高齢者が食事を楽しむうえで、食べ物が形をなしていて、それを見ながら「食べる」効果が注目されている。咀嚼能力が低下している場合は、しばしば流動食が与えられるが、それではおいしさに対する満足感は得られない。

図12・1でまとめたように、人が食べ物をおいしいと感じるのは、食べ物が形として眼からも入ってきて、その形から、お菓子、魚、肉、ソーセージなどの個別の食品と確認され、それが過去の食経験と照らし合わされて脳が活性化するのである。しかし、食べ物が形を保つためにはある程度の硬さが必要ではあるものの、咀嚼能力の低下した高齢者が、その硬さのために食べられなければ用をなさない。

しかし、ココアバターを使えば、形を保った食品が図12・3のように口中で速やかに融けてしまうので、ココアバターのもつ物理的な性質を高齢者用食品に生かすことができる。それに加えて、カカオ成分の動脈硬化予防、抗ストレス効果、がん予防などの健康効果、さらには高カロリーのココアバターそのものは、少量で高カロリーを必要とする高齢者にはふさわしい。

高齢者用のカカオ含有食品には、通常のチョコレートのような連続相が油相の食品だけでなく、連続相が水相のエマルション状態の食品がある。すなわち、生チョコ（ガナッシュ）タイプの食品で、そこに脂溶性と水溶性の栄養成分をバランスよく含ませることができる。ただし生チョコの場合は、水相が多くて微生物が繁殖しやすいので、それを防ぐための工夫が必要である。

カカオ入りの料理

発酵、ローストしたカカオニブをすりつぶしたカカオパウダーを隠し味にした料理は、現在、世界中で人気が高まっている。焙炒したカカオ豆にはポリフェノールが多く含まれ健康によいからであるが、料理に使うときはその苦味が欠点になって敬遠する向きもある。しかし、少量のカカオを使えば、その苦味を隠し味としてソースに深い味を出させて料理に使える。メキシコ料理では、昔から「モレソース」として、広く使われている。

12.5　カカオの木の改良と遺伝子工学

世界中のカカオ生産農家にとって最大の関心事は、毎日変化するカカオ豆取引価格と、自分の農園で収穫されるカカオ豆の量である。そのため、カカオの木にたくさんのポッドを実らせたい（図12・5）。しかし、カカオの木やカカオポッドは、カビやウィルス、虫、鳥、動物（サルやリス）などに常に狙われており、これらの被害によりカカオ豆の収穫量が大きく変化する。当然のことながら、収量は天候によっても大きく左右され、近年多発しているエルニーニョ現象、ラニーニャ現象がカカオ生産に与える影響には甚大なものがある。降雨量が多すぎるとカビの発生や蔓延《まんえん》にもつながるだけでなく、ほとんどの生産国では天日乾燥であるために、収穫・発酵されたカカオ豆の乾燥も不十分となり、輸送中にカビが発生してダメージを受ける。

現在、カカオの生産は需要に追いつかず、二五〜三〇%の増産が求められている。さらに、新興国の消費増を考えると、将来はもっと逼迫《ひっぱく》すると予想される。このような背景にあって、カカオ生産農家にとっての切実な課題は、「病気に強い品種」と「生産量の多い品種」の開発である。一方、チョコレートメーカーなどの需要家にとっては「品質の良い豆」と「価格の安いこと」が重要で、カカオ豆の生産者と使用者との要望は矛盾しやすい（「南北問題」）。

カカオの木において、耐病性、多産性、品質などの属性がどのように決定されるかを科学的に追究し、新品種の開発につなげるために、カカオのＤＮＡ解析が試みられている。

病害への抵抗性については、ゲノム情報から特定病害に関与する遺伝子を釣り上げて、その病害への耐性をもつ品種の

図 12.5　カカオの木（ホンジュラスの農園にて）

選定や品種改良に利用している。特に被害が酷《ひど》い天狗巣病などの原因菌が標的とされている。

これらの最新の遺伝子工学の進歩によって、近い将来、カカオの生産風景が大きく変わる可能性がある。

12.6　日本でカカオを栽培できるか?

さて、現在は熱帯地域に限られているカカオの木の栽培範囲が広がるかどうかについて考えてみる。その理由は、筆者はしばしば「日本の暖かい地方、たとえば南西諸島でカカオを栽培できないのか?」と聞かれることがあり、もし栽培地域が亜熱帯などにも広がれば、カカオの生産量が増えるからである。

しかし、その答えは「ノー」である。その理由は、普通のチョコレートを作っているココアバターの融解挙動は、図12・3に示したとおりであるが「過冷却」という現象のために、融点以下になってもすぐにはココアバターは固まらず、二〇~二二℃以下になると固まってしまう。そうなると、カカオ豆が発芽したあとで新芽の栄養とならず、カカオの木が育たない。また、カカオの花の受粉をする昆虫の生態や、耐病性などの問題も未解決だからである。

亜熱帯地方では冬場の最低気温が二〇℃以下になるので、その環境で発芽するようなカカオ豆では、その中のココアバターの融点は低下する。「カカオの生産地は、南北緯度で二〇度以内に限られる」、と言われる理由がここにある。東アジア大陸で言えば、ベトナムの北、中国の海南島あたりがカカオ栽培の北限となる。ちなみに、現在ベトナムでカカオ栽培が猛烈な勢いで進められており、近い将来、世界的にも有力な生産地になると思われる。

ただし亜熱帯地方でも、温室で熱帯地方を再現し、病害を防ぎ人工授粉をすれば、カカオの栽培は不可能ではない。日本の本州地方でも、植物園の温室でカカオの木は育ち、カカオ豆も収穫できる。しかし、そのような方法では、大規模栽培をするにはコスト的に問題がある。

12.7　絵画や物語に出てくるカカオ、チョコレート、ショコラ

歴史の挿話で、しばしばチョコレート（あるいはショコラ）が顔を出す。実在の人物でも、ナポレオン一世は「我にショコラあれば、他の食絶つも可なり」と言ったとされる。絵画、小説、映画などでカカオが出るシーンは枚挙に暇がない。現代の話になるが、映画「ショコラ」（二〇〇〇年）や「チャーリーとチョコレート工場」（二〇〇五年）はあまりにも有名である。とくに、ジュリエット・ビノシュが、各地を放浪しながらチョコレートの店を出す主人公を演じた映画「ショコラ」でも、ストーリーの山場にはカカオを使ったソースたっぷりの料理がお客に振舞われる。

この映画では、チョコレートの重要な歴史があちこちに顔を出す。カカオにトウガラシを入れること、メタテ（石の台）とマノ（石の棒）でカカオ豆をすりつぶす作業、断食とチョコレートの関

係、媚薬効果とチョコレート、メキシコとチョコレートの関係、テンパリングなどが、ストーリーの主題、あるいはさらりとしたシーンに散りばめてあり、チョコレート好きにとっては心憎い演出である。

ここでは、十八世紀の時代のエピソードを取り上げる。

＊ドレスデンの「チョコレートを運ぶ娘」

図 12.6　チョコレートを運ぶ娘、リオタール画（ドレスデン、ツヴィンガー宮殿美術館）

ドイツ東部の古都で、世界遺産となっているエルベ川沿いの美しい町、ドレスデンの駅前の土産物売り場には、「チョコレートを運ぶ娘」の絵葉書が売られている。それほどまでに有名なこの絵は、チョコレートの本にしばしば登場する。ドレスデンの旧市街、ドイツ三大歌劇場の一つであるドレスデン国立歌劇場と並んで建つツヴィンガー宮殿にあるアルテ・マイスター絵画館の一階の一番奥の部屋に、この絵は飾られている（図12・6）。この美術館には、ラファエロや今人気の高いフェルメールの絵もあってそちらのほうが注目されているが、チョコレート好きにとっては、この絵は必見である。

リオタールが一七四五年に描いたこのパステル画では、厨房で作られたチョコレートをコップに入れ、上等のトレイに載せてメイドがいそいそと運んでいる。チョコレートの入ったコップは上等品で、マイセン陶器と思われる。よく見ると、グラス一杯の水が添えられている。カカオの味が濃いのか、メソアメリカと同じように香辛料を効かせたためなのか、水で喉を潤わせる必要があったためと思われる。

スイス・ジュネーブ生まれのリオタールは、各国を訪問して肖像画を描いた人気のある画家で、マリー・アントワネットの肖像も描いている。「チョコレートを運ぶ娘」の絵は、彼がウイーンに滞在している時に、毎朝彼の部屋にチョコレートを運んでくるメイドをモデルにして描いたといわれている。

＊「ベルサイユのばら」

ショコラは、フランス革命を描いた名作コミック「ベルサイユのばら」（以下、「ベルばら」とする）にも登場する。「ベルばら」にはフランス王妃マリー・アントワネット、その恋人であるスウェーデンの貴公子フェルゼン、フランス貴族のオスカルの三人が主要人物として登場する。三人のうち、オスカルだけは創作上の人物である。

マリー・アントワネットは、政略結婚によって一七七〇年にオーストリア・ハプスブルグ家から、宿敵ブルボン家の統治するフランス王室に輿入れした。この結婚は、それまでの両家の確執からすれば大きな驚きで、実際にその影を引きずってフランス革命への裏切りを糾弾され、彼女は悲劇的な最期を迎える。

図 **12.7**　三日月パンを包むテーブルナプキン（ウイーン、シェーンブルン宮殿）

ところで、この結婚を隣国スペインの人々はどのように見たのであろうか。なぜならスペインの人々にとって、フランス・ブルボン家は因縁浅からぬ王家であったからである。

スペイン・ハプスブルグ家の最後の王であるカルロス二世が、度重なる結婚にもかかわらず、長い間の血族結婚の弊害と思われる病気で子供を作らずに一七〇〇年に他界し、王家が断絶する（第九章の図9・8）。そのスペインをどの王家が奪うのかで欧州は緊張するが、一七〇一年にルイ十四世の孫であるブルボン家のフェリーペ五世が即位してスペイン・ブルボン家が誕生した。

この王家は現在に続いているが、それをめぐって、ヨーロッパのほとんどの国が参戦した「スペイン継承戦争」が勃発する。スペイン国内も完全に分裂し、カスティーリアはフランス・ブルボン家に賛成するが、アラゴンとカタルニアは激しく反発し、そのために一七一四年にはスペインは内戦状態となり、アラゴンとカタルニアは制圧される。

もっとも、王家の側からすれば互いに無縁ではない。フェリーペ五世の祖母と曾祖母が、カルロス二世の姉と叔母に当たるからである。さらに、スペイン統一時のイサベルとフェルナンドの娘でスペイン女王のファナまでさかのぼれば、マリー・アントワネットの時代では、三つの国の二つの王家の人々はすべて血がつながっている。

それはともかく、マリー・アントワネットが生まれ育ったウイーンの宮廷でも、ショコラは飲まれていた。そして彼女もウイーンから専属の菓子職人を連れて来てショコラを作らせ、それを薬用として摂取していたといわれる。また、彼女がお気に入りの三日月形のパンもフランスに入り、クロワッサンとして定着した。図12・7は、ウイーンのシェーンブルン宮殿にある、宮廷専属のシェフしか知らない方法で折りたたまれた、三日月パンを包むテーブルナプキンである。

ただし、ここで取り上げるのは、マリー・アントワネットではなく、オスカルである。

オスカルは女性であるが「男装の麗人」で、「ベルばら」の物語では、理想に燃える主人公として壮大なドラマを引っ張る。彼女は、貴族であるレニエ・ド・ジャルジェ将軍の末娘として生まれた。将軍は、「オスカル・フランソワ」という男性名を付ける。オスカルは、学問や剣を学び軍人として育てられるが、ついにはアントワネットの近衛仕官になる。しかしオスカルは、革命が勃発すると民衆の側に立つ。

さらに「ベルばら」では、平民出身の女性としてロザリー・ラ・モリエールが登場する。ロザリーは、その純真さと愛らしさで、オスカルの心を和ませる妹のような存在となり、七月十四日、蜂起した民衆が押し寄せたバスティーユ牢獄の戦いで戦死するオスカルを看取ることになる。

「ベルばら」にショコラが登場するのは、オスカルが強盗団と戦って負傷して、偶然にロザリーの自宅に担ぎ込まれて再会した時である。オスカルは、ロザリーの手が荒れているのを見て、一瞬のうちに極貧の生活を察知する。腹が減ったオスカルに差し出されたのは、野菜の切れ端が少し浮いただけのスープ。「食事の前に何かないか？　カフェ・オ・レかショコラか」とロザリーに聞くと、「それだけしか……」「これだけ？　これだけって……これはスープではないのか」。スープをほんの少し口にしただけで、オスカルはスプーンを皿におく。それを見たロザリーが「すみません。お口に合わなかったんですね。ごめんなさい。でも、もうパンもなにもないんです。」と謝る。

ここでオスカルは、生まれて初めて民衆の苦しい生活を体の芯から知ることになる。その重要なシーンに、ショコラが登場したのである。

12.8　チョコレート石鹸

チョコレートはスキンケアやボディケアにも利用されている。

フランスやアメリカなどでは、ペースト状のカカオマスをボディケアに使うエステティックサロンがある。一方、ベルギーのゲント市では、チョコレート石鹸が売られている。ゲントは、町の真ん中にお城や古い教会、それを縫うように運河が走っている古い町で、ベルギーではブリュッセル、ブルージュ、アントワープに次いで観光客が多い。その運河沿いを歩いていて、たまたま小さな石鹸の店に入ったのだが、そこでは天然の油脂を原料にして、いろいろなフレーバーや添加物を入れた手作り石鹸を売っていた。

南フランスのプロヴァンスのミントやラヴェンダーを入れたものに並んで、チョコレートとミントをブレンドした石鹸を見つけた（図12・8）。店の主人に「なぜチョコレートを石鹸に入れるのか？」と聞くと、彼女いわく、「チョコレートは体に良いでしょ。それを石鹸に入れれば、そのエッセンスが皮膚を通して体に入ってくるのよ。素敵でしょう？」とのことであった。

図 12.8　ベルギー・ゲント市の石鹸屋さん（手前がチョコレート石鹸）

終わりに

この本を通して私たちは、「チョコレートは長い間の自然と人間の営みのハーモニーでできあがった」ことを伝えたかった。何よりも、熱帯雨林で進化したカカオと、それを成し遂げた大自然の不思議さに、汲みつくせない魅力を感じる。また、チョコレートの原点であるカカオ豆の生産に携わる人々の努力は、当初の筆者らの想像を超えていた。カカオを栽培して飲んだ古代メソアメリカの人々。現在、アジア、アフリカ、ラテンアメリカの高温高湿の熱帯地方で、カカオ豆を生産している人々。そして、現代のチョコレートに育てた多くの職人や科学者・技術者たち……。

本書を読まれた読者には、チョコレートを食べて口中に広がる香りと、甘味や苦味によって至福のひとときを楽しみながら、チョコレートを生み出した自然と人間の営みに想いを馳せていただきたい。それが私たちの切なる願いである。

本書で触れられなかった問題がたくさんある。環境に適合したカカオ農園のあり方、カカオ豆の国際取引のあり方とカカオ生産地の社会構造の関係、日本におけるチョコレートの歴史、ガナッシュなどのプレミアムチョコの作り方、ファットブルームの防止法など枚挙に暇がないが、筆者らの微力のために割愛せざるを得なかった。

こうしてみると、あらためて「チョコレートは限りなく奥深い」ものであると思う。

末筆ながら、貴重なご意見や写真をご提供いただいた以下の方々に、深甚の謝意を表したい（順不同、敬称略）。ホアキン・バイエス・ロピス、ラウラ・バイエス・ガルシア、ジョルディ・ビルベニ（いずれもスペイン）、ラルフ・E・ティムス（イギリス）、ケーン・デウェティンク（ベルギー）、フィリップ・ルーセ、オリビエ・エッビ（いずれもスイス）、永光輝義（独立行政法人森林総合研究所）、後藤奈美（独立行政法人酒類総合研究所）、東原和成（東京大学）、蜂屋巌（日清オイリオグループ中央研究所）、小竹佐知子（日本獣医生命科学大学）、水田啓子、青木利夫、上野聡、水田英実、河合幸一郎、河野憲治（いずれも広島大学）、広島大学大学院生物圏科学研究科食品物理学研究室、明治製菓株式会社食料健康総合研究所の皆様。

本書は、株式会社幸書房が発行する月刊誌『油脂』の二〇一〇年二月号から二〇一一年一月号まで連載した「チョコレートのロマンティックサイエンス」に加筆修正したものである。森永製菓株式会社：尾畑嵩英氏と大東カカオ株式会社：竹内弘光氏には、その連載を始めるに当たってさまざまな助言をいただいた。さらに、お菓子研究家：河田昌子氏には、連載時、ほとんどの草稿に事前に的確な助言をいただき、貴重な写真も提供していただいた。ここに深く感謝する次第である。また、連載への執筆を快諾していただいた株式会社明治：荒森幾雄常務執行役員に深謝致します。最後に、本書に対して適切な助言をしていただくとともに、出版に辛棒強くお付き合いいただいた、幸書房の夏野雅博氏に厚くお礼申し上げる。

1634	オランダがキュラソー島にカカオを移植		
1635－55	カカオ栽培がジャマイカ・ドミニカに広がる	1639 1641	江戸幕府が鎖国令 長崎・出島にオランダ商館
1657	ロンドンに最初のチョコレートハウス		
1660	フランスがマルチニク島にカカオを移植		
1727	カリブ海のカカオ農園が全滅		
1732	フランス人・ドュブュイッソンが「石炭加熱式水平磨砕テーブル」を発明		
1746	ブラジルにカカオを移植		
1753	スウェーデンの植物学者リンネが、カカオの学名を「テオブロマ・カカオ(神の食べ物)」とする	1800	長崎に遊学した京都の医師が「しょくらとを」の飲み方を記す
1822	ブラジルからアフリカにカカオを移植		
1826	スイス人・スシャールが水力によるカカオ粉砕機を発明		
1828	オランダ人・ファン・ハウトゥン親子がココア圧搾技術とアルカリ化技術を発明		
1847	イギリス人・フライが食べるチョコレートを発明		
1875	スイス人・ピーターがミルクチョコレートを発明	1873	明治新政府の遣欧使節がフランス・リヨンでチョコレート工場を見学
1879	スイス人・リンツがコンチング法を発明	1878	米津風月堂が「貯古齢糖」を販売
1900	アメリカ人・ハーシーがチョコレートの大量生産法を発明	1899	森永商店（現森永製菓）がチョコレート製造を開始
1912	ベルギー・ノイハウス社がプラリネを製造	1913	不二家洋菓子舗がチョコレートを製造
		1918	明治製菓がチョコレートを製造
1920頃	テンパリング法の開発が始まる		

カカオとチョコレートに関連する年表

世界		日本	
年	事項	年	事項
	南米のアマゾン・オリノコ川上流域にカカオが自生		
10,000 BC	アジア系モンゴロイドがメソアメリカに到達		石器時代
1400–1100 BC	ホンジュラスの遺跡から出土した容器内にテオブロミンを検出		縄文時代
1500–400 BC	オルメカ文明（カカオを栽培）		
400 BC–250 AD	現在のメキシコ南部の墓の埋葬物である陶器製容器中にカカオの痕跡		弥生時代
250–900	マヤ人が、グアテマラやメキシコ・ユカタン半島でカカオのプランテーションを作る		古墳･飛鳥･奈良･平安時代
1200–1500	アステカ人が、特権階級の滋養・強壮剤としてカカオ飲料を愛用		鎌倉・室町時代
1492	コロンブス、新大陸に到達		
1502	コロンブス一行、第4回航海でカカオに遭遇		
1519	コルテス一行、アステカ国王がショコラトルを飲むのを見る		
1521	コルテス、アステカ帝国を滅ぼす		戦国時代
1525	コルテス、カカオをスペインに持参		
1525	カカオをトリニダッド島へ移植		
1534	スペイン・アラゴン地方のピエドラ修道院で初めてカカオを調理	1543	ポルトガル人、種子島に渡航
		1549	スペイン人・ザビエル、鹿児島に渡航
1560	南米やインドネシアへカカオを移植		
1585	商業的に栽培されたカカオがスペイン・セビリアに入港	1582	九州のキリシタン大名が4名の少年使節団を、ポルトガル・スペインを経てローマへ派遣（1590年帰国）、本能寺の変
1588	イングランドがスペインの無敵艦隊を撃破		
1591	スペイン人の医者、ホアン・ド・カルデナスが、チョコレートは動物の心臓に効果があることを示す	1587	豊臣秀吉、バテレン追放令
		1613	伊達政宗が支倉常長ら慶長使節団を、太平洋からメキシコを経由してセビリアに派遣（1620年帰国）
1615	ハプスブルグ家・スペイン皇女アンナがフランス王ルイ13世と結婚		

増田義郎、物語 ラテン・アメリカの歴史―未来の大陸、中公新書（1998）
池田理代子、「ベルサイユのばら」、1-5巻、集英社、（1994）
トム・スタンデージ、世界を変えた6つの飲み物、新井崇嗣訳、インターシフト、（2007）
森田安一、物語 スイスの歴史、中公新書（2000）
ラルフ・E.・ティムス、製菓用油脂ハンドブック、佐藤清隆監修、蜂屋巌訳、幸書房（2010）
土屋公二、Chocolat et Cacao、ネコパブリッシング（2004）.
蜂屋巌、チョコレートの科学―苦くて甘い「神の恵み」、講談社ブルーバックス（1992）
加藤由基雄、八杉桂穂、チョコレートの博物誌、小学館（1996）
河田昌子、お菓子「こつ」の科学―お菓子作りの疑問に答える、柴田書店（1987）
モート・ローゼンブラム、チョコレート―甘美な宝石の光と影、小梨直訳、河出書房新社（2005）
ハーシーチョコレートの物語―揺れ動くアメリカン・ドリーム、たる出版（2006）
キャロル・オフ、チョコレートの真実、北村陽子訳、英治出版（2007）
小椋三嘉、ショコラが大好き、新潮社（2004）
伏木亨、食品と味、（伏木亨編著）、光琳（2003）
山野善正、山口静子編、おいしさの科学、朝倉書店（1994）
福場博保、木村修一、板倉弘重、大澤俊彦編、チョコレート・ココアの科学と機能、アイ・コーポレーション（2004）
木村修一編、長寿食のサイエンス、サイエンスフォーラム（2000）
楠田枝里子、チョコレートの奇跡、中央公論新社（2011）
ステファン・ベケット、チョコレートの科学、古谷野哲夫訳、光琳（2007）
佐藤清隆、上野聡、脂質の機能性と構造・物性―分子からマスカラ・チョコレートまで、丸善出版（2011）

◆ 参考文献

本書を執筆するに当たって、以下の著書や論文を参考にした（文中に示した文献を除く。順不同）

佐々木顕、東樹宏和、井硯直行、日本生態学会誌、57（2007）174
素木得一、昆虫の分類、北隆館（1973）
永光輝義、昆虫と自然、35（2000）9
F. G. バルト、昆虫と花—共生と共進化、渋谷達郎監訳、八坂書房（1997）
東原和成、化学と生物、45（2007）564
小竹佐知子、化学と生物、47（2009）624
永井克也、第13回チョコレート・ココア国際栄養シンポジウム報告集（2008）
篠田謙一、日本人になった祖先たち、NHKブックス（2007）
山本紀夫、ジャガイモのきた道—文明・飢饉・戦争、岩波新書（2008）
伊藤章治、ジャガイモの世界史—歴史を動かした「貧者のパン」、中公新書（2008）
中尾佐助、栽培植物と農耕の起源、岩波新書（1966）
ソフィー・D・コウ、マイケル・D・コウ、チョコレートの歴史、樋口幸子訳、河出書房新社（1999）
武田尚子、チョコレートの世界史—近代ヨーロッパが磨き上げた褐色の宝石、中公新書（2010）
川北稔、砂糖の世界史、岩波ジュニア新書（1996）
増田義郎、アステカとインカ　黄金帝国の滅亡、小学館（2002）
岩根圀和、物語 スペインの歴史、中公新書（2002）
佐藤次高、世界史リブレット「イスラームの生活と技術」、山川出版社（1999）
Charles J. Merrill, Colom of Catalonia：Origins of Christopher Columbus Revealed, Demars Books LLC（2008）

増田義郎、アステカとインカ　黄金帝国の滅亡、小学館（2002）

【著者紹介】

佐藤　清隆（さとう　きよたか）

1946年生まれ、広島大学名誉教授、工学博士
1974年、名古屋大学大学院工学研究科応用物理学専攻博士課程を終えて、広島大学水畜産学部（現在の生物生産学部・大学院生物圏科学研究科）食品物理学研究室の助手、助教授を経て1991年に教授となり、2010年に退職。

脂質の構造と物性の基礎と応用に関する教育・研究に従事し、『Crystallization of Lipids』（Wiley-Blackwell, 2018)、『脂質の機能性と構造・物性―分子からマスカラ・チョコレートまで』（丸善出版、2011)、『チョコレートの科学』（朝倉書店、2015)、訳書『チョコレート製造技術のすべて』（幸書房、2020）など、著書多数。アメリカ油化学会「Stephane S. Chang賞」（2005年)、世界油脂会議「H.P. Kaufmann Memorial Lecture賞」（2007年)、アメリカ油化学会「Alton E. Bailey賞」（2008年)、ヨーロッパ脂質科学工学連合「ヨーロッパ脂質工学賞」（2013年）などを受賞。

古谷野哲夫（こやの　てつお）

1956年生まれ、農学博士
早稲田大学大学院理工学研究科応用生物化学専攻修士課程を修了後に、1982年明治製菓（株）入社。チョコレートを中心とした研究開発に携わる。1992年、チョコレート油脂の研究で広島大学にて農学博士号を取得。元㈱明治 執行役員。

カカオ豆に関しては世界十数カ国のカカオ産地を訪問、各国のカカオ栽培・処理状況や品質を調査研究し、現地への指導にも当たっている。訳書に『チョコレートの科学』（光琳、2007)、『チョコレート カカオの知識と製造技術』（幸書房、2015)、『チョコレート製造技術のすべて』（幸書房、2020）などがある。

カカオとチョコレートのサイエンス・ロマン
—神の食べ物の不思議—

2011年10月15日　初版第1刷発行
2023年9月20日　初版第7刷発行

著　者　佐藤 清隆
　　　　古谷野 哲夫

発行者　田中直樹
発行所　株式会社 幸書房

〒101-0051 東京都千代田区神田神保町2-7
TEL03-3512-0165　FAX03-3512-0166
URL　http://www.saiwaishobo.co.jp

印刷　シナノ

ISBN978-4-7821-0357-9　C1077